翡翠基础知识与选购投资
——权威定本——
30年实操亲情呈现

翡翠件的评价与创作

刘瑞 刘海鸥 张浚森 ◎编著

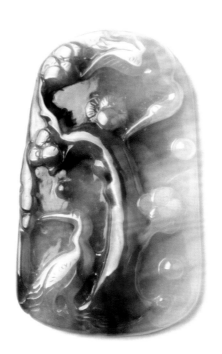

吉林科学技术出版社
JILIN SCIENCE & TECHNOLOGY PUBLISHING HOUSE

图书在版编目（ＣＩＰ）数据

翡翠件的评价与创作 / 张浚森，刘海鸥，刘瑞编著
. — 长春：吉林科学技术出版社，2014.4
ISBN 978-7-5384-7482-4

Ⅰ．①翡… Ⅱ．①张… ②刘… ③刘… Ⅲ．①翡翠—
鉴赏 Ⅳ．① TS933.21

中国版本图书馆 CIP 数据核字 (2014) 第 041201 号

翡翠件的评价与创作

编　著　张浚森　刘海鸥　刘　瑞
出 版 人　李　梁
责任编辑　杨超然
封面设计　长春市一行平面设计有限公司
制　　版　长春市一行平面设计有限公司
摄　　影　一行设计　于　通
开　　本　880mm×1230mm　1/16
字　　数　240千字
印　　张　14
印　　数　1—3000册
版　　次　2014年5月第1版
印　　次　2014年5月第1次印刷

―――――――――――――――――――――――――

出　　版　吉林科学技术出版社
发　　行　吉林科学技术出版社
地　　址　长春市人民大街4646号
邮　　编　130021
发行部电话/传真　0431-85635177　85651759　85651628
　　　　　　　　　　　　85677817　85600611　85670016
储运部电话　0431-86059116
编辑部电话　0431-85659498
网　　址　www.jlstp.net
印　　刷　沈阳天择彩色广告印刷股份有限公司

―――――――――――――――――――――――――

书　　号　ISBN 978-7-5384-7482-4
定　　价　268.00元

前　言

英国科学史专家李士霍夫博士曾说："不懂得玉，便不懂得中国的文化。在历史长河中，中国人与玉结下了不解之缘，并创造了辉煌优秀的玉文化。翡翠是中国玉文化的重要部分，在中国玉文化的今天并孕育着玉文化灿烂的明天，能折射出中国文化艺术的多彩性和包容性。"

有人说：喜欢就好，玉无价。

喜欢就好。对个人而言，由喜欢到爱好、到购买、到佩戴或收藏，这是顺理成章的。但这个"好"，是建立在个人喜欢的基础上的，是主观的，不是客观的。有些商人就抓住顾客的心理，抓住顾客的喜好，经常说"喜欢就好，玉无价"，趁机要高价，从而获取暴利。这是少数商人的经营手法，而不是玉件的客观定价。玉，特别是翡翠，招人喜欢。你稍一入门，即会被它的色彩、质感、神韵所迷倒。但是其价格是有区间的，不是任意要价的。

时至今日，我们对翡翠的化学成分和矿物组成，翡翠的种、地、水、色，已经有了很多定性甚至定量的科研成果。在翡翠件的定价上还靠一些老话，就很不相称。必须力争将翡翠件的评价、定价建立在客观的、科学的基础上，以保障翡翠行业的健康发展和翡翠市场的繁荣昌盛。

翡翠不同于其他宝石（如：钻石、红宝石等），它是矿物的晶质集合体。单个的矿物颗粒很小，但无数个矿物颗粒集合起来很大，重可以是几十克、几百克、几千克，甚至是几吨、几十吨。而且在同一块翡翠上，可以集中红、黄、紫、绿、白等多种颜色。甚至在几十克的一小块翡翠上，可以集中绿、紫两种颜色，或者绿、红、紫三种颜色，或者绿、紫、黄、白四种颜色，或者红、黄、紫、绿、白五种颜色。翡翠原石的上述特点，为翡翠件的创作人员打开了自由创作、恣意驰骋的空间，英雄大有用武之地。

翡翠件的创作空间是广阔的，腾挪的余地也是很大的。为此，我们应当珍惜这一机遇，努力学习，刻苦钻研，拿出更多更好的好作品来。

翡翠件
评价与创作
Pingjia yu Chuangzuo

序
壹

中国是一个玉的国度，从八千年前开始，华夏祖先便以玉为图腾的载体，与天地沟通。西周《周礼·春秋·大宗伯》记载："以玉作六器，礼天地四方。以苍璧礼天，以黄琮礼地，以青圭礼东方，以赤璋礼南方，以白琥礼西方，以玄璜礼北方。"历朝历代，美玉不仅是王权富贵的象征，而且是国人各种美好品德的象征。爱玉、嗜玉是深入国人骨髓的基因。

自1985年政府全面开放黄金饰品市场以来，一度曾基本中断的翡翠交易也开始中兴，随着中国经济的快速发展，2007年前后，翡翠交易及其价格达到了一个高潮，但由于盲目炒作、假冒伪劣、泥沙俱下、泡沫破裂，又迅速跌入谷底。对此，人们不禁要问：翡翠究竟是如何定价的？有没有个准？

俗话说："黄金有价玉无价。"因为黄金标准很简单，以单一的金元素组成，在纯度一定的情况下，其质量就能够决定它的价格。但翡翠则不然，它是矿物集合体，它的颜色各种各样，它的质地千变万化，它的工艺又涉及艺术标准判断和人们的爱好，因而，它的价格评定十分复杂。传统的法则是：水、种、色、地、重、工六字经，其中很多是凭经验，很多用形象词来描绘，如：玻璃地、冰种、糯地、老坑种、地脏、肉粗……这种凭经验、模糊化的做法，显然已经不能适应现行的市场经济。因此，经过几年努力，2008年由国土资源部珠宝玉石首饰管理中心组织编制的《翡翠分级》国家标准，经全国珠宝玉石标准化技术委员会审查通过，于2009年由国家质量监督检验检疫总局、中国国家标准化管理委员会正式批准发布，并于2010年3月1日实施。这是我国首个玉石分级的国家标准，它准确详尽地定义了翡翠，对翡翠的分级不仅有定性的阐述，而且有定量的要求，同时还有一整套客观的、科学的、可操作的检测方法作为保证，从而将几百年来笼罩在翡翠身上的重重迷雾一一廓清。《翡翠分级》国家标准的推出本是一件严谨并对翡翠行业发展起到积极促进作用的好事，然而，在市场上，由于一些翡翠商人对该国家标

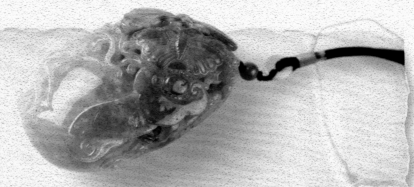

准认识不足，并不积极主动学习和运用该国家标准，而是认为这近似一项实验室标准，加以排斥，并坚持自己的一些标准，这为该国家标准的推行增加了难度，也不符合市场发展所需，更是不科学的做法。对于国家标准每个翡翠行业的人士都应该积极推动与执行，让翡翠行业有一个相对标准的衡量标杆，让大家的交易在统一基准之下，以有利于翡翠行业的快速发展，以及快速进入现代化商业轨道中。

张浚森先生在20世纪80年代开始接触珠宝翡翠，主攻珠宝经济、科技情报、对外贸易，探索珠宝的价值分析和价值规律的运用，三十年来，由一个普通的翡翠爱好者，经过不懈努力，逐步成为理论与实践相结合的翡翠收藏家。他认真解读《翡翠分级》国家标准，并结合他熟悉的价值学说，在综合分析、研究后，在本书中提出了一个行之有效的翡翠材质价值评估体系，再结合翡翠件的质量、工艺和历史人文价值，结合市场的价格水平，给出了各类翡翠件的价格框架，从而架起了翡翠市场买卖双方之间的桥梁，使翡翠件的价值、价格评价体系走出了经验化、模糊化的阶段，走向科学、透明、客观、公正的新阶段，使卖方定价有所依据，买方也能心中有数，使翡翠件的价格有个合理的区间，有个准！这将有力地推动翡翠行业的健康发展。这是本书的一个重要贡献。

本书对玉文化、翡翠的识别和创作建议也有不少可取之处，值得一读。

原地质矿产部
国土资源部　　原副部长

蒋承菘

癸巳年 六月初九

序
贰

中国的玉文化发源于新石器时代。"石之美者，玉也！"华夏先人认为美丽的石头可以通天达地，能与神灵对话，通过它可以让天神听到苍生对美好生活的祈求。很多美丽的传说，赋予了美玉吉祥如意的寓意，很多民间故事一直流传至今。

进入阶级社会后，人们相信："玉入其国则为国之重器，玉入其家则为传世之宝。"因而，战国时期，秦王愿以十五座城池换取和氏璧。他们认为：玉能代表天地四方和人间帝王，是天地宇宙和人间祸福的主宰。在古文字中"玉"和"王"字形完全相同，"玉"字并没有其中的一点，这绝非偶然的巧合，而正是"天地人叁通"与"王"之连贯。

对于现代人来说，玉早已失去了其通神的神秘性和帝王、贵胄佩戴的权力象征，但是玉作为精神文明和物质文明的最佳结合体，还是受到了越来越多群众的喜爱和追求。

翡翠作为玉的一种，它以高的硬度、艳丽的色彩、晶莹剔透的材质，仅几百年时间便迅速占领制高点，成为了玉石之王者，后来居上。

翡翠主要是由硬玉组成的矿物集合体，其组成复杂，色彩和材质丰富多彩、千变万化，其成品尚有大小、质量、工艺的差异，因而，对其综合评价是十分困难的。在经验积累的基础上，传统的法则是：水、种、色、地、重、工六字诀，从这六个方面来逐一评价，其中很多要借重翡翠商人的经验和眼力。随着市场经济的发展，这种经验化的做法，显然是不能适应相当庞大的翡翠市场需要的。

张浚森先生等编著的这本书，根据《翡翠分级》国家标准，并运用其擅长的价值分析方法和运用价值规律，对翡翠的材质进行了综合评价，再结合翡翠件的质量、工艺和历史人文价值，建立了一套客观的翡翠件价值评估体系，而后又结合当前市场典型件的价格水平，匡算出一般翡翠件的价格，使翡翠件的价值、价格不再神秘化、模糊化，从而走向透明化、公开化、群众化，这是本书的创新所在，也是我向读者推荐的主要理由。

本书在玉文化的阐述、翡翠件的检测方面，论述也很系统，对翡翠件的创作建议，也有很多可取之处。总之，这是一本好书，我很高兴为之作此序。

中国科学院地质与地球物理研究所研究员

中国科学院院士

叶大年

癸巳年 六月廿五

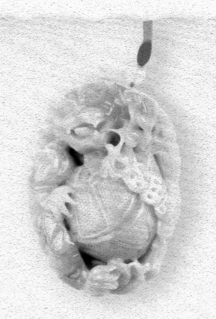

光阴似箭，日月如梭。我接触翡翠的加工、贸易已有近三十年了。回顾往事，酸甜苦辣咸五味杂陈。值得庆幸的是：我一直比较理性地对待翡翠件的价值和价格，并从中探索和总结出一些规律性的东西。这些不仅对贸易定价有指导作用，而且对翡翠件的创作也有一定指导意义。

晚年，在亲人、同事和朋友的督促、帮助下，终于将翡翠件的评价和创作建议两章写了出来。考虑到本书的完整性和读者的需要，因而请时任《翡翠界》杂志主编的刘海鸥女士撰写了第一章，专攻矿物学的理学博士刘瑞教授撰写了第二章。

本书之所以能够呈现在读者面前，还借助于东光先生所做的大量文字和图件工作。

蒋承菘先生、叶大年先生为本书作序，对此表示感谢。

北京菜市口百货股份有限公司的领导和有关人员，在样品的选择和图件的加工、处理等方面，对我们给予了大力的支持和帮助，在此表示衷心的感谢！

对出版社、印刷厂的各级领导和各位同志的工作，在此表示感谢。

欢迎读者多提宝贵意见，以便再版时改进。

张汉林

癸巳秋于长春方寸斋

作者

序

翡翠鉴赏 FEICUI JIANSHANG 绿色翡翠：色调——绿
样品主体颜色为纯正的绿色，或绿色中带有极轻微的稍可觉察的黄、蓝色调。

【第二章】 【翡翠件的识别】

Feicuijian De Shibie

 目录

翡翠鉴赏
FEICUI JIANSHANG

绿色翡翠：色调——绿（微黄）

反射光下呈沉浓绿色，颜色浓艳饱满，透射光下呈鲜艳绿色。

【第三章】　　　　【翡翠件的评价】

翡翠鉴赏 FEICUI JIANSHANG 绿色翡翠：色调——绿（微蓝）

反射光下呈中等浓度绿色，颜色浓淡适中，透射光下呈较明快绿色。

【第四章】 【翡翠件的创作建议】

Feicuijian De
Chuangzuojianyi

目录

翡翠鉴赏 FEICUI JIANSHANG

绿色翡翠：色调——极浓 反射光下呈深绿色——颜色浓郁，透射光下呈浓绿色。

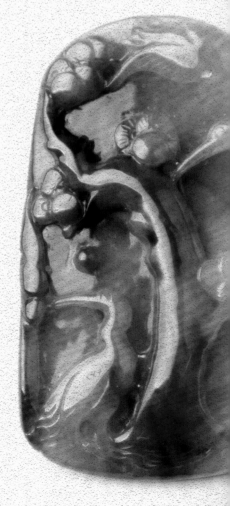

今世

翡翠前生与

Feicui Qiansheng Yu Jinshi

壹

【第一章】

Di Yi Zhang

第一节

【龙的传人玉的国度】

翡翠件的

评价与创作

Pingjia yu Chuangzuo

西周玉鸟
（三门峡虢国墓地陪葬品）

红山文化
——"C"字龙（中国第一龙）

英国科学史专家李士霍夫博士曾说："不懂得玉，便不懂得中国的文化。在历史长河中，中国人与玉结下了不解之缘，并创造了辉煌优秀的玉文化。翡翠是中国玉文化的重要部分，在中国玉文化的今天并孕育着玉文化灿烂的明天，能折射出中国文化艺术的多彩性和包容性。"

发源于新石器时代早期而绵延至今的"玉文化"是中国文化有别于世界其他文化的显著特点。中国人把玉看作是天地之精，认为自然造就出的神奇美石具有通天之效，巫师认为借助它的力量可与天神对话。

一 神之象征

华夏祖先一直将玉作为自己所信奉的图腾的载体，认为玉有通神通灵功能。《拾遗记》卷一《少昊》记载，少昊的母亲皇娥在少女的时候，白天乘木筏在苍茫的大海上漫游，有一天她到了西海之滨的穷桑之地，那里出产一种叫孤桑的大树，高达千寻，吃了此树果实会长生不老。在那里，她遇到了神童"白帝之子"，即"太白之精"，她与这位童子同乘木筏，嬉戏于海上，他们用桂树的树干作旗杆，将菫茅草结于杆上作旗帜，用玉石雕刻成鸠鸟的形态，装饰在旗杆顶上，即"刻玉为鸠，置于表

端"。后来皇娥生下了少昊，称号叫"穷桑氏"，也叫"凤鸟氏"。玉鸟是华夏较早的玉图腾之一。

　　8000年前，红山文化的缔造者发现了一种美丽的石头，族中的巫师认为这些色彩美丽、质地温润细腻的石头，是天神给予人类的警示，于是召集了族中打制石器的能工巧匠做出了"C"字龙（中国第一龙）。他们以此为信物，托于手中，跪在圣山面前，并杀生祭祀，以与天地神灵对话，祈求风调雨顺，万物有灵，族人能够顺利繁衍生息。

　　玉从一出世便与神学结下了不解之缘。而与神学的结缘之中，也形成了中华文明的象形文字的原始码。距今6500年前，红山先祖们用玉器的形状，使用位置以及排列组合，创造了象形文字的基本码，也就是后来夏商时期形成的甲骨文、金文石鼓文——中国的象形文字，成为人类历史发展的重要信息沟通符号。

　　在玉石界有句话："远古之玉，北有红山，南有良渚。"玉石是中国人骨子里不可或缺的文化。中国各部族发展均与玉石有着或多或少的联系。距今7000多年前，在浙江余杭生活的良渚人深爱玉石。20世纪70年代～90年代发掘的良渚古墓之中，总有几件玉器作为墓主人的陪葬。

沧海月明珠有泪，蓝田日暖玉生烟

——唐　李商隐

良渚玉——神面纹双节玉琮

古人相信：死亡带走的只是人的肉体，还存留着人的灵魂。玉石则能通灵安魂，为死者守护灵魂，为生者寄托哀思与祝福。而这种独特的精神文化在历史长河中源远流长。古人造神谓之"玉皇大帝"，在中国文学之中被人最为熟知的就是《红楼梦》中的通灵宝玉。直到今天，送玉一直寄托着中国人的美好祝福。

二 权之代言

古人相信："玉入其国则为国之重器，玉入其家则为传世之宝。"战国时期，秦王愿以15座城池换和氏璧。为何古代帝王如此重视玉呢？

因为他们认为：玉能代表天地四方及人间帝王，能够沟通神与人的关系，表达上天的信息和意志，是天地宇宙和人间福祸的主宰。在古文字中，"玉"字并没有一点，和帝王的"王"共用一个字。古文中"王"和"玉"字形相同，绝非是偶然的巧合，"天地人参通"与"王"之连贯，两者关系奥妙，意味深远。

殷商国王武丁的王后妇好，是中国有文字记载的第一位女性军事家、女将领、女祭司。她能征善战，武器为9千克的铜钺，为殷商中期版图扩大立下了汗马功劳。后人在她的墓中发现了很多玉器，其中好几件玉龙，还有一只造型精美的玉凤。考古学家推测，这些精美的玉器多为武丁王对她战功卓越的赏赐。可见从殷商开始，玉器代表的就是至高无上的王权。

殷商武丁之王后——妇好

妇好墓之玉凤

翡翠件的评价与创作 Pingjia yu Chuangzuo

《说文解字注》解释帝王的"王"字时，认为王即"天下所归往也。"董仲舒也说："古之造文者，三画而连其中，谓之王。三者，天地人也。而参通之者，王也。"许多经学典籍中有众多的描述，"三玉之连"代表的是"天地人参通"。《周礼　大宗伯》记载"以玉作六器，以礼天地四方"。本质上就是玉能代表天地四方，通过它，便能沟通天、地、人间的愿望和意志。《说文解字注》解释"玉"的字形为"三玉之连贯也"，即三横一竖象征一根丝线贯穿着三块美玉。另"皇"字则是"白"和"玉"的组合。

春秋战国就有"六瑞"的使用规定，6种不同地位的人使用6种不同的玉器，即所谓"王执镇圭、公执桓圭、侯执信圭、伯执躬圭、子执谷璧、男执蒲璧"；从秦朝开始，皇帝采用以玉为玺的制度，一直沿袭到清朝；唐代明确规定了官员用玉的制度，如玉带制度。

因此，玉制品在古代被看作是显示等级、身份、地位的象征物，成为维系社会统治秩序的所谓"礼制"的重要构成部分。

西周龙凤纹玉圭

三　德之楷模

以玉比德是中国文化的精髓。《拾遗记》有云："有石璘之玉，号曰"夜明"，以暗投水，浮而不灭。"以此来比喻炎帝神农的圣德，寓意天地为贤人的圣德所感，以至于玉石都显了灵。《拾遗记　轩辕黄帝》中记载他曾"诏使百辟群臣受德教者，先列珪玉于兰蒲席上，燃沈榆之香，春杂宝为屑，以沈榆之胶和之为泥，以涂地，分别尊卑华戎之位也"。这说明黄帝时代已建立了圭玉制度；传说尧得到了一块雕刻着"天地之形"的玉版，上面授以天意与知识，使尧具备了治理天下的能力，造就了"唐尧圣世"。而夏禹之所以治水成功，也是皆因他得到了"蛇身之神"传授玉简的结果。

翡翠鉴赏 FEICUI JIANSHANG

无色翡翠：透明度——透明（玻璃地）

反射观察：内部汇聚光强，汇聚光斑明亮。

透射观察：绝大多数光线可透过样品，样品内部特征清楚可见。

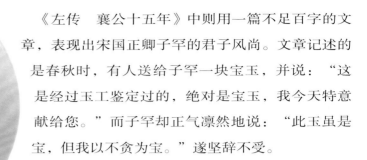

《左传 襄公十五年》中则用一篇不足百字的文章，表现出宋国正卿子罕的君子风尚。文章记述的是春秋时，有人送给子罕一块宝玉，并说："这是经过玉工鉴定过的，绝对是宝玉，我今天特意献给您。"而子罕却正气凛然地说："此玉虽是宝，但我以不贪为宝。"遂坚辞不受。

中国人的功德离不开玉文化，儒家圣人孔子对玉所代表的精神更加推崇，衍生出"谦谦君子，温润如玉"，"君子无故，玉不去身"。其后更演绎出了玉有五德、九德、十一德。《说文解字》释"玉"为："石之美。有五德：润泽以温，仁之方也；鰓理自外，可以知中，义之方也；其声舒扬，专以远闻，智之方也；不挠而折，勇之方也；锐廉而不忮，洁之方也。"

玉器其本身的"温而不透，润而坚硬"，恰符合中国传统儒家文化中庸和外圆内方的特性，因此成为中国人经久不衰的精神象征，在国难当头面对考验之时，国人有"宁为玉碎"的爱国民族气节；在各种矛盾面前，与激化矛盾相比，国人更愿意选择"化为玉帛"；而在生活和工作之中，我们更愿意提倡"润泽以温"的无私奉献品德、"锐廉不忮"的清正廉洁气魄和"不挠而折"的开拓进取精神。

四 富之代表

玉器出自天然，美丽而稀少，成为古代为数不多的奢侈品之一，是诸多寓意的代表，更是权力的象征。因此，它也是富裕阶层竞相占有的财富。在《红楼梦》中，有名的"护官符"说"贾不假，白玉为堂金作马。阿房宫，三百里，住不下金陵一个史。东海缺少白玉床，龙王来请金陵王。丰年好大雪，珍珠如土金如铁。"仅仅50字便两次提到玉器，可见玉器在中国文化之中也是富贵极致的代表。

而翡翠作为玉家族中的一员，自明中期步入历史舞台，一路看涨。特别是在乾隆推崇之后，翡翠便成为清朝权贵更为喜欢的玉器材料之一。而慈禧更是无所不用其极——喝茶用翡翠盖碗，吃饭用翡翠玉筷，把玩的是翡翠白菜，头戴翡翠簪，耳缀翡翠坠子……一路开升的翡翠在清朝末年发扬光大，然而这一时期受白玉文化的影响，翡翠制品重色不重种水，因此明清流传下来的翡翠古董，种水都很一般。

但随着日月的转换，翡翠的种水逐渐被市场认可。20世纪30年代中期，翡翠大王铁宝庭买了一块玉料，个头不小成色也好，但不足之处是有些疵点，他诚邀巧手玉工剔除疵点，制作一对麻花手镯，以4万银元的成交价卖给了上海的杜月笙。宋美龄见杜月笙夫人戴的这副翠镯十分美观，套在白嫩的手腕上，显得娇贵非凡，便拿在自己手里看了又看。杜月笙夫人顺水推舟，借机将这对翠镯敬献。而那时，鲁迅在北京买下一座四合院才3000银元。可见高档翡翠玉镯在历史上就不便宜，收藏者皆是极富极贵之人。

8000年玉文化史不仅是中华文明的重要组成部分，更是中国人骨血中的嗜好。它自始至终都在影响着中华民族的历史、政治、文化和艺术，影响着中华民族世世代代的观念和习俗，影响着中国历史上各朝各代的典章制度，也影响着一大批文人墨客及他们笔下的辉煌巨作。因此，认识玉文化就是认识中国。

无色翡翠：透明度——亚透明（冰地）

反射观察：内部汇聚光较强，汇聚光斑较明亮。

透射观察：大多数光线可透过样品，样品内部特征可见。

第二节

【从缅甸飞来的"翡翠鸟"】

翡翠继承了中国玉文化的精髓，成为当今消费者最欢迎的玉石。虽然现在不少人的手上都有一两件翡翠制品，但是翡翠从哪里来？大多数消费者依然不是很清楚，很多人会反问："翡翠不是来自云南吗？"

一 翡翠的成因

的确，"玉出云南"被人广泛流传。然而翡翠却是舶来品，它出身于缅甸雾露河流域的缅北山脉，是辉石硬玉。主要成分为硅酸盐铝钠——$NaAI〔Si_2O_6〕$，常含Ca、Cr、Ni、Mn、Mg、Fe等微量元素。以硬玉为主，次为绿辉石、钠铬辉石、霓石、角闪石、钠长石等。

那么翡翠是怎么形成的呢？翡翠大约形成于1.8亿年～6500万年前，印度洋板块与欧亚大陆板块相撞以及融合的过程。在这个过程中，缅北地区形成了有利于翡翠矿床形成的条件，极高的压力（1万大气压）和较低的温度（200℃～300℃），由含钠长石岩石去硅作用而形成。同时，在这种环境中便生出了十分纯净、水种俱佳的翡翠。而绿色纯正的翡翠，还需要多次强烈热液活动，伴随着热液活动进行，致色元素铬离子被缓慢地分解生成，开始成为翡翠多种程度不同的成色。而在这个漫长的过程，周围的环境需要长时间处在150℃～300℃，最佳温度是在212℃左右，铬离子才能均匀不间断地进入晶格，形成绿色非常均匀的翡翠。完全生成特级翡翠后，还不能有大的地质构造运动，否则将会产生大小不等方向不同裂纹而影响质量。如此复杂的条件，也造就了顶级翡翠的天价。

翡翠鉴赏
FEICUI JIANSHANG

无色翡翠：透明度——半透明（糯化地）

反射观察：内部汇聚光弱，汇聚光斑暗淡。

透射观察：部分光线可透过样品，样品内部特征尚可见。

二 翡翠名称的由来

翡翠的名字出自何处呢？关于翡翠的名字有三个美丽的传说。

▶传说一：挚爱的情侣所化 >>>>>

相传在苗疆有个叫燕赤羽的青年，为了躲避灾荒，逃到了缅北。在当地由于水土不服，生了"瘴疬"，将死之时，被当地部族首领克钦山官救活。因为他聪明能干、见多识广被首领任命为"红衣卫队"的统领。他与绿衣卫队的绿羽山官的女儿翠鸟暗生情愫，在木脑纵歌节上定终身。可山官的世仇为了争夺官位，用毒箭射伤了掩护山官的燕赤羽。翠鸟和她的姐妹们护着受伤了的燕赤羽逃跑，并在大神官的帮助下化身飞鸟飞出了敌人的重重围困。但好景不长，苦命的情侣却被仇人施以妖法，将他们变成了石头，落到了现在的帕敢一带，变成了美丽的翡翠。因燕赤羽死时紧紧地抱住翠鸟，所以翡翠原石外部都有着红色的皮幔，里边才是翠绿的玉石。

▶ 传说二：翡翠仙女造福 >>>>>

在云南大理有一个中医世家，家中有一女，貌若天仙，慧及比干，又拥有扁鹊一般的医术。被缅王看重，迎娶做了王后。她嫁到缅甸之后，看到那里的老百姓因缺医少药被病痛所折磨，便立志用自己的医术为缅甸百姓解除痛苦。她走遍了伊洛瓦底江的山山水水，让百姓获得了幸福的生活，但因积劳成疾而病逝于伊洛瓦底江畔的帕敢。当地人民为她在伊瓦洛底江畔举行了隆重的葬礼，并企望她的灵魂升天，以护佑百姓。但她为了造福百姓，不愿升天享受荣华富贵，而是灵魂融入地下，变成了晶莹美丽的石头，成了受世人尊敬的翡翠仙女。

▶ 传说之三：翡翠鸟的由来 >>>>>

中国历史上早有翡翠二字，却并非指硬玉，而是指生活在南国的一种鸟类——雄鸟羽毛呈现红色，称为翡鸟；雌鸟羽毛呈现绿色，称为翠鸟。

13世纪左右，一支游走在茶马古道的云南马帮，到南亚贩卖货物。回国途径缅甸勐拱，头马身上所驮货物一侧失重，马帮老板便从雾露河里面捞了几块石头装进麻包中让其平衡。没想到回到老家，他意外摔开了石头，发现其内部呈现漂亮的碧绿色，通透细腻，宛若一池碧水。他认为这是一种罕见的玉石，便找来玉工制型造器，获得了非凡的利润，并用边境一种漂亮的鸟类为其命名——翡翠。

黄夹绿——翡翠鸟

自然界的翡翠鸟

　　无论翡翠的名称缘何而来，都离不开云南人的智慧。云南人在长期经营翡翠的过程中，以日常形象的名词为翡翠的水种色提供了形象命名。因此，说"玉出云南"也不是没有道理的。

　　那么云南人又是何时接触翡翠的？业界说法不一，有人说翡翠在云南已经有2000多年的历史了。缅北地区在古代为中国的附属国，与云南各级政府往来密切，这种说法也不无道理。也有专家说起源于13世纪初，因据《缅甸史》记载，公元1215年，勐拱人珊尤帕受封为土司。传说他渡勐拱河时，无意中在沙滩上发现了一块形状像鼓一样的玉石，惊喜之余，认为是个好兆头，于是决定在附近修筑城池，并起名为勐拱，意指鼓城。这块玉石就作为珍宝为历代土司保存，后来这里就成了翡翠的开采之地。后来，缅北土司将翡翠作为贡品进贡给明朝的皇帝。

　　种种说法尚无定论。从当地出土的翡翠饰品来看，明中期翡翠已经成为云南各地达官贵人所爱之物。而翡翠频繁地进入云南则得益明早期的开放政策。朱元璋称帝之后，大将沐英还滇驻守边疆，然而当时云南农业生产落后，驻军缺少军饷，军队日常开支难以维持。沐英的副将、来自南京的马天远提出建议开放边关，加强与东南亚各国的贸易，以获取军饷。他的建议很快被采纳，被派往腾冲负责开关通商事宜。而由此腾冲成为了翡翠进入中国的第一驿站，也成为了中国的翡翠故乡，而马氏子孙更与翡翠结下了世世代代的不解之缘。

　　在缅甸古都阿摩罗补罗城的一座中国式古庙里，碑文上刻有5000个中国翡翠商名字，并介绍他们的玉缘。明中叶朝廷派驻收玉太监驻守保山腾冲，专门采购珠宝。当时从永昌腾越至缅甸密支那一线已有"玉石路"、"宝井路"名称。腾冲至缅甸的商道最兴盛时每天有2万多匹骡马穿行其间，腾冲的珠宝交易几乎占了世界玉石交易的9成。到1950年，腾冲县在缅甸的华侨达30余万人。直到今天，云南人在缅甸从事翡翠业的也达数万。

三 市场上翡翠九成五来自缅甸

　　世界上翡翠只出缅甸吗？答案是否定的。在全球有6个国家13个矿区出产翡翠，然而宝石级别的翡翠只出产在缅北地区，市场上95%的翡翠原料来自缅甸。根据下表的对比我们可以看出缅甸的翡翠为什么如此火爆（见表1－1）。

特征	美国	哈萨克斯坦	缅甸
颜色	美国有两个翡翠产地：圣安德列斯断层附近和门多西诺，翡翠颜色呈绿、浅绿、暗绿或灰白色	浅灰色、暗灰色、浅绿色、暗绿色	以绿为尊，颜色众多。多为绿色、淡紫色、白色、黑色（少见），绿色色调较为鲜艳
结构	颗粒较粗	分为细粒0.05毫米和粗粒2毫米，大多数翡翠颗粒肉眼可见	细粒，一般用肉眼看不出颗粒
透明度	透明性较差	半透明少见，多见微透明到不透明	透明度相对较好，顶级翡翠呈现全透明
光泽	质地较干	质地较干	玻璃到油脂光泽
商业价值	价值不高，缺少首饰级高绿翡翠。适合做雕刻料，但因为质地过脆成品不多	裂绺较多，质地较差，相当于缅甸中下等的花牌料	商业价值高，适合高中低档首饰和各种雕件、艺术品
目前市场状况	有部分美国翡翠爱好者收藏，出现过一些印第安风格的镶嵌和雕件作品	商业价值不大，目前市场上看不到	翡翠市场的主流，占商品级翡翠的95%

表1-1：各产地翡翠水种色对比（此表根据欧阳秋眉、施光海、袁心强等人研究汇编）

翡翠件的评价与创作 Pingjia yu Chuangzuo

特征	危地马拉	俄罗斯西萨彦岭	日本
颜色	浅绿色为尊,其他还有紫丁香色、黑色、暗绿色、带有灰黑色斑的草绿色、各种颜色的混杂和淡紫色等	一号翡翠原料呈深绿色,切片薄到1毫米呈鲜绿色。二、三号翡翠原料呈浅绿到中等绿。四号翡翠原料呈灰绿到灰色	有较鲜艳的绿色翡翠,但大部分翡翠呈现乳白色、灰白色
结构	粗粒,绝大多数用肉眼可看出颗粒	一号翡翠原料质地细腻,二、三号稍粗,二号较之三号有杂质,四号为粗豆种。	由于成矿原因复杂,杂质较多,颗粒很粗
透明度	微透明到不透明,半透明少见	一、二、三号半透明到微透明;四号不透明	透明度差
光泽	油脂光泽	油脂到玻璃光泽	质地较干,光泽度差
商业价值	可用于雕刻和制作低档首饰	一号适合做薄冰货,二号适合雕件,三号适合小蛋面、怀古等光身件,四号适合低档雕件。	日本使用翡翠较早,但饰品级翡翠均来自缅甸,日本翡翠多用于家居和公共场合装饰
目前市场状况	主要用于玛雅传统的项链、串珠、耳坠和手镯、徽章。台湾地区的玉商经常去南美采购,平洲毛料市场有出售,与同等级的缅甸翡翠价格相当	俄罗斯翡翠早已有出口,在中国有部分翡翠商以俄罗斯翡翠代替同等的缅甸翡翠,售价与同等级缅甸翡翠相当,未标是俄罗斯翡翠制品	产量低,高质量的少,不具有商业价值,只供爱好者收藏

翡翠鉴赏
FEICUI JIANSHANG

无色翡翠::透明度——微透明(冬瓜地)
反射观察:内部无汇聚光,仅可见微量光线透入。
透射观察:少量光线可透过样品,样品内部特征模糊不可辨。

第三节

【场口——翡翠的门第】

手绘玉石场口地图

翡翠行内有句名言："不识场口不玩赌石。"因为每个场口由于地质环境有差别，所以每一处出产的翡翠原石表象有着或多或少的不同。行内经验丰富的玉商可以根据这些表象的不同来判断翡翠原石内部结构，以求赌到高翠。

那么什么是翡翠场口？知名的场口有哪些？是否只有老场口才能出种细、水好、色正的老坑玻璃种，新场口的翡翠一律是种差水差呢？

先让我们走进翡翠矿区所在地缅北密支那地区，沿雾露河上游向中游呈北东-南西向延伸，在长约250千米，宽约10～15千米，面积3000多平方千米土地上，蕴藏着令人疯狂的绿色石头。在过去的几百年中，翡翠矿主在其中400多平方千米矿区内开出了300多个矿口，俗称为场口；最多的时候达到500多个，后因缅甸政府管控又降至300余个。这些大大小小的场口，缅甸语称之为"冒"（或"磨"），通常是以发现人的名字或所在地的地名来命名。

　　缅甸政府对这些场口实行轮岗制,这是沿袭了英国殖民时期对翡翠矿的管理制度。每个场口三年为一岗,矿主包岗之后自行购置机械、组织人员进行挖掘。2000年之前,翡翠原石开采多为人力,2000年之后除了少数几个场口因地质特殊还是人力挖掘外,大多数场口都使用全球最先进的挖掘机。一位缅甸的华裔翡翠矿主说:"近两年缅北翡翠矿区有不下1万台'怪手'(挖掘机)在日夜不停地挖掘,一周之内就能将一座山翻一个儿,堪比愚公移山。"

缅甸场口的运输车辆

缅甸场口的玉石与军人

缅甸玉石场区

缅甸场口的擦石师父正在敲口   缅甸场口

一 缅甸的十大名坑

　　从某种意义上来说，场口是翡翠出身的门第。"门第"的高低直接决定了翡翠原石的质量，好场口出来的石头起货率（指一块石头做出的货的总体价值）一般都不会太差。历经数百年的开采，以及玉商世代积累下的经验，将场口分为老场和新场。在老场口和新场口那些出产好石头较多的场区被开采者所重视。在这里我们来介绍一下缅甸著名的十大场区。它们分布在雾露河的两岸。如图1-1所示：

图1-1：知名翡翠场区图

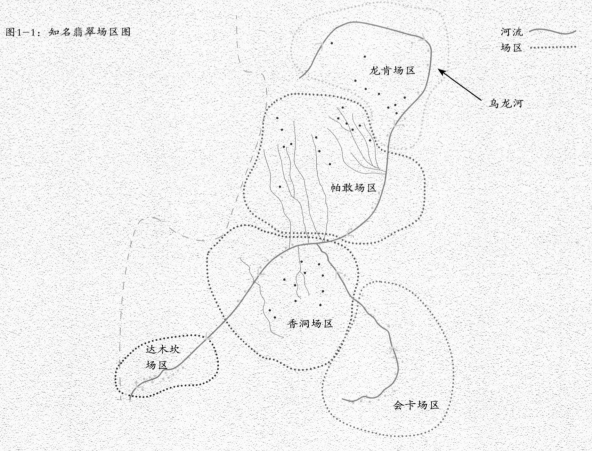

河流

场区

龙肯场区

乌龙河

帕敢场区

香洞场区

达木坎
场区

会卡场区

◆ 帕敢 >>>>>

　　帕敢是历史名坑，位于龙肯场区以西8千米，缅甸北部雾露河上游西岸，面积为50平方千米，开采最早，始于公元1世纪左右。其料特点是：皮薄，以灰白及黄白色为主；玉石结晶细、种好、透明度高、色足；个头较大，从几千克到几百千克，呈各种大小，一般以产中低档砖头料为主。老帕敢以产皮壳乌黑似煤炭的黑乌砂玉著名，但已全部采完，目前市场所见乌砂玉均产自麻蒙。目前挖掘最深的坑洞已达第五层，约为30米左右深。第一层所出的块体几乎都是黄砂皮壳；第二层多见红砂皮壳，并带有蜡皮；第三层为黑砂皮壳，第四层为灰黑皮壳；第五层为白黄皮壳，大多有蜡皮。

　　这一区域的主要场口有：老帕敢、麻母湾、惠卡、摆上桥、大古地、赤通卡、格拉莫、勐毛、东郭、马拿、结崩穷、莫老埂、仙洞、香公、穷瓢、南英、育马、格银穷、东磨、格拉莫洼、帕丙、资波、陷典、苗毕、莫地、帕扁、三决、哼定、桥乌、老寨棚子、呛叭、三岔河、莫敢等。现在市场上被炒得最为火热的"木那种"的场口也在这里。

　　木那分上"木那"和下"木那"，以盛产种色均匀的满色料出名，"木那"出的翡翠基本带有明显的点状棉。有一句话是这样形容"木那"的：海天一色，点点雪花，混沌初开，木那至尊。

　　"木那"何以成名呢？主要的一点是20世纪60年代后，整个帕敢场区出料几乎是百赌百输，有人就认为帕敢翡翠原石已经枯竭。而正在这时，上下"木那"的场口接连开出满色玻璃种，整个东南亚玉商对"木那"料趋之若鹜，一些矿口原石仿"木那"、冒"木那"泛滥成风。中国人开始玩翡翠后，"木那"也于近年来在国内开始扬名起来，也受到了内地市场的极度追捧，"木那"这个名字快速得到了市场的认同。然而，很多"木那"翡翠并非出自木纳，而是一些玉商为了好销，便将一些有类似表象的翡翠品种归入"木那"之中。

兰陵美酒郁金香，玉碗盛来琥珀光。

但使主人能醉客，不知何处是他乡。

——唐 李白

翡翠件 的 评价与创作 Pingjia yu Chuangzuo

▶后江 >>>>>

后江也称坎底江，是位于雾露河北侧的一条支流。因翡翠矿区分布在江畔，而称为后江场区，开采时间较晚，大约在16世纪初叶。现掘进深度已超过第六层，有30多米深，第三、第四层都有隔层，前二层与老场区的情况类似，第六层的块体皮壳几乎都是黄蜡壳，第六层之后的隔层比较厚，目前出矿率较低。主要场口有：磨隆、比四都、格母林、帕得多曼、香港莫、莫东郭、莫地、加英、不格朵、格青莫等。

后江赌石主要有两种类型：第一种类型是靠山边的洪冲积层，这个积层被一层坡积物所覆盖，当地人称坡积物为"毛层"，毛层的特点是山顶薄山脚厚，山顶约1米厚，山脚可达8~10米，含砾石层在坡积物之下。第二种类型是现代河床河漫滩型，又分老后江玉和新后江玉。新后江玉产于冲积层下部，而老后江玉产于冲积层的底部。

老后江的特点：玉皮呈灰绿色，个体很小，很少有超过0.3千克，主要是水石，磨圆度、形状、大小均似芒果。砂皮颜色多种，玉质细腻，常有蜡壳。一般所产的翡翠满绿高翠，透光性好，结构紧密。所谓"十个后江九个水"，做出来的成品取货很高，抛光后颜色会增加，即所谓的"放堂"。

新后江的特点：皮比老后江厚，同样有蜡壳，个体比老后江大，一般在3kg以内，水与底比老后江差很多，成品抛光后色会变暗。一般讲，即使是满翠的新后江产，做出来的成品也很难成高档翡翠。

◉ 会卡 ＞＞＞＞＞

会卡位于雾露河中游，该场区面积很大，各个开采场口均集中在河流两边，场口有展嘎、磨东、枪送、玉石王、外苏巴琼、下苏巴琼、阁东月、样阁丙、裂固琼、磨皮等。会卡是个大场口，出的石头占市场很大的比例。

会卡老场的石头自古以来就受行家青睐，老场的料子在抛光的环节常常会出现糯种变为冰糯的现象，水头（透明度）会增加几分；但新场的料子则有可能出现棉（白色的石脑）。目前会卡的石头良莠不齐，品质跨度大，从一无是处的砖头，到晶莹剔透的精品，到处都有会卡石的身影。会卡翡翠原石有三个明显特征：

1 皮壳薄 ▸

打灯即可见水见色，对新手诱惑力很大，但这种蜡壳料子多为会卡新场，在云南边境市场很多，经常会切出共生体水沫子（钠长石玉）。

2 裂多 ▸

多数普通料子的肉中细裂比较多，这也是赌会卡石的一个最关键的因素。

3 皮色杂 ▸

以灰绿、灰黑色为主，透明度好坏不一，水和地好坏分布不均，但有绿的水常较好。总之，会卡老场口的石头，由于可能出特有的高绿色，受到赌石人和藏家的青睐，尤其是具有赌性特色的蜡皮，颇具吸引力，可谓点绿难觅，有绿成片，会卡至尊，总体来看起货率很高，有"会卡不负人"之说，所以赌石人喜欢赌它。

无色翡翠：透明度——不透明（瓷地干白地）
反射观察：内部无汇聚光，难见光线透入。
透射观察：微量或无光线可透过样品，样品内部特征不可见。

▶ 麻蒙 ▶▶▶▶▶

麻蒙也称乌砂，开采时间也非常早。皮壳以黑乌砂为主，黑中带灰色，水、底一般较差，且夹杂黑丝白雾，绿色偏蓝。这里还出产干青，色浓但水短（即透明度低）。适合做花牌、戒面、手把件、大型的摆件。

▶ 龙肯 ▶▶▶▶▶

龙肯位于雾露河上游，东西长40余千米，南北宽30千米，场区内大大小小场口有30多处。这一场区的原石以黄砂皮或灰白鱼皮为主，皮壳较粗，具有鲜艳绿色，但色调深浅不一、透明度差、结构疏松，是柱状晶体呈一定方向排列的中档翡翠，在市场中经常可以看到。

同时这里也是很有希望找到新矿的地区之一，许多新的矿脉在这里发现，铁龙生翡翠（色浓水干）就形成于此区。目前市场上很多镶嵌类的薄冰货原料多为铁龙生。

▶ 达木坎 ▶▶▶▶▶

达木坎也被称为刀磨砍，位于雾露河下游。也许与所处的位置有关，雾露河将侵蚀后上游地区的高地砾石层（翡翠砾石）也随之搬运至达木坎沉积，此处翡翠原石滚圆度普遍较好；但也因为位于河流下游，雾露河进入平原地区，水的流速减小，所搬运的砾石自然较小，翡翠的砾石比例少些，个体也小些，5kg以上的很少，多为水石。然而，从地貌分析可知，在冲积平原周围为含翡翠的砾石层，目前还没有人去采挖。

达木坎有个特色就是多色翡翠比较多，在这里赌石，运气好的话能赌到上好的黄夹绿或是三彩翡翠。知名七彩云南原石（七种色彩）就是出自这个场区。

▶ 抹岗 >>>>>

此处的翡翠原石较粗，皮色灰黄或灰白；水与地均较好，裂纹少，为绿或满绿夹艳绿之高翠品种，很少含杂质，玻璃地较常见，但产量少。

▶ 目乱干 >>>>>

此处是新场口，所出产的翡翠原石无皮，水好地好，有白雾。以出产紫罗兰及红翡为主，一般在一块料上紫、红及淡翠并存，但裂纹多。

▶ 自璧 >>>>>

这里就是出产知名绮罗玉、段家玉的地方，它也是缅甸极负盛名的老场口。皮壳以黄灰为主，水地均佳，裂纹少，但有白雾，其产品以蓝花水好闻名，有少量做高档手镯的绿花料产出。

相传民国年间，云南腾冲绮罗乡段家巷有个玉商叫段盛才，他从玉石场买回一块150多千克的翡翠毛料，皮壳为白元砂，许多行家看后都直摇头，没有人肯出价。他泄了气，便把这块石料随意丢在院子门口，供来客在那儿拴马。时间长了，被马蹄蹭掉一块皮，显出晶莹的小绿点，这引起了段盛才的注意，于是拿去解磨，竟是水色出众的上等翠玉，做成手镯，十分漂亮，通透似玻璃又飘蓝花，似绿色的鱼草在清澈的水中飘荡，人见人爱，其价值逐渐上升，价格随蓝花的多寡而波动。

该玉石做出的400多对手镯，很快销售一空，据说最好的一对为宋美龄所得。这些玉镯部分流向国外，只有少部分留在国内。自此"段家玉"的美名也随之传开，名扬中外。

金炉香动螭头暗，玉佩声来雉尾高。

——唐 韩愈

翡翠件的
评价与创作
Pingjia yu Chuangzuo

▶ 马萨 〉〉〉〉〉

这个场口是新场，出产的翡翠原石无皮或少皮，绿较浅淡，水与地有好有差，主要用作低档手镯料或大型摆件料。

二 走出老坑种的误区

市场上习惯把那些颜色浓阳正俏、质地细腻、透明度较高的翡翠称为"老坑种"，因此，很多消费者认为只有老场口才能出高货，其实这是一种误解。

老坑和新坑实际上是按人们发现、开采翡翠的先后年份来分的，并非是按翡翠原石形成的早晚，也就是说"老坑种"并非是一些商家所言的"年份久远"。从地质学观点来看，老坑翡翠和新坑翡翠形成在同一年代。新坑翡翠是原生矿床，老坑翡翠是河流沉积的次生矿床，是河流将翡翠原石搬运至此形成的矿床，比起原生矿床形成的时间要晚。

那为什么会有"老坑种"一说呢？其原因是在中国人的观念中，年份越老的玉包括翡翠，是最漂亮的，颜色较深，透明度较好。这种质地翡翠大多在缅甸的次生矿床找到，而缅甸翡翠次生矿床较早开采，因此，就被称为老坑种。

根据行家们长期的实践发现，这些翡翠质量较好，水分也较足。这是否由于长期在河流里浸泡，水分进入结晶体中形成的呢？其实不然，在河流沉积矿床发现的翡翠质量较好，是色高、质细、透明度好，对于这个情况，可以从地质学上得到合理的解释。这是因为原生矿床各种质量不等的矿石，经过水流的搬运，沉积成次生矿床，一些质量差的，如有裂隙的、粗粒的、结构松散的、不纯的翡翠原石就会得到自然的分选、淘汰。最后保留于河床中的，主要是些质地较紧密、结构较细腻的翡翠。所以，这种翡翠往往较透明，却不是因为水进入引起的，水是无法进入翡翠晶体的，而是水的搬运能力自然将它们按比重等分流筛选了。

而后来开采的新坑翡翠为原生矿床，没有经过自然力量的筛选，因此良莠不齐，好的少，一般质地的较多，并非是"新坑种"一定就没有好翡翠，也并非是年份不够久远。

　　不过目前"老坑种翡翠"已经成为行业内约定俗成的专用名词，专门指具玻璃光泽，其质地细腻、纯净、无瑕疵，颜色为纯正、明亮、浓郁、均匀的翠绿色，在光照射下呈半透明或透明状的上品或极品。

揭阳阳美翡翠旗舰店亚洲之星（老坑玻璃种帝王绿大蛋面）

第四节

【翡翠原石交易——公盘与赌石】

在翡翠的第二故乡腾冲有句古话："一刀穷，一刀富，一刀披麻布。"这是来形容从事翡翠原石交易的巨大利润与风险的。在翡翠原石开采的早期，原石交易中蒙头料（也就是带有皮壳的翡翠）居多，这样的翡翠原石只能够从表皮的表现，来判断里面是否有玉肉（有价值的翡翠）。因此，存在着极高的风险，当然也有巨大的诱惑力，购石者由此可能一夜暴富，也可能一贫如洗，还有可能搭上自己的性命，以至于很多购石人不敢自己开石头，而是请来别的师傅开石，开石师傅开石，购石人则在一旁焚香祷告；若是出了好玉肉是老天保佑，如果石头品质不好，就大呼"变种了"，其实种未变，只不过是自我安慰吧。行内人把这种交易行为称为"赌石"。

"神仙难断寸玉"，因为翡翠是复合多晶体矿物，不像钻石、红蓝宝石一样一眼望之就能够断定基本品质。同一矿口出产的石头不但优劣不同，而且在同一块翡翠矿石上也会呈现不同的变化，世界上可以找到同样的钻石，但很难找到同样的两块翡翠。因此，翡翠原石交易中无论是何种形式，都存在着一定的赌性。目前翡翠原石交易主要有两种类型：公盘和赌石。

翡翠行业的风向标——公盘

　　翡翠原石早期交易都是以自由买卖为主，但随着缅甸逐步独立，缅甸政府在20世纪60年代初将所有的矿产资源收归国有后，为防范税款流失，使稀缺的翡翠玉石资源为国家创造出更多的外汇收入，于1964年3月开始举办翡翠玉石毛料公盘。缅甸对公盘管理十分严格，翡翠原石只有经过"公盘"才能合法出境。

　　那何谓"公盘"呢？

　　公盘是指缅甸政府每年举办的翡翠毛料拍卖盛事，以暗标和明标的方式进行公平竞标，价高者得的一种翡翠原石售卖方式。每年除了3月份固定的一次"缅甸珠宝交易会"外，1992年缅甸矿业部还开办了"年中珠宝交易会"，以及1995年由缅甸珠宝国有企业组织主办的"不定期珠宝交易会"。前者已经走过了50届，第一届交易会成交金额仅仅是50万美金，而今天一份原石底价都已经超过这个价格。2011年3月份公盘整体成交金额为17.5亿欧元，达历史最高纪录。

2012年第49届缅甸珠宝玉石交易会
（即：第49届缅甸公盘）

翡翠公盘就是翡翠商们的"擂台赛"，比拼的是财力、眼力和胆识。虽然公盘上的原料都是明料和半明料，但翡翠本身材质多变，即使是明料，与出货仍有一定的差距。

每届公盘7～12天不等，在正式公盘之前，所有翡翠毛料都被编好号，注明了件数、重量和底价，不过底价一般都很低。所有毛料都公开展出3天，翡翠商们对所有展品一件件观察，从中挑选出自己想要的毛料，然后评估其价格，确定出最佳的投标价投入投标箱中。对于同一份料，由于有多人竞争，而且相互之间都不知道对方的投标价格（为暗标方式），因此投标价的确定是非常微妙的——价高了要亏损，价低了又怕别人买去。在公盘时经常发生标价低了几元或几十元钱而失去翡翠毛料可以赚几百万元的事例。在正式下标的次日开始正式逐一公布每件料中标者、中标的价格。毛料则由中标者在付款后由专门的公司运输至目的地。

中国市场8成的原料来自缅甸翡翠公盘，因而缅甸翡翠公盘是翡翠市场涨跌的风向标。2009年下半年到2011年7月，大量游资涌进翡翠公盘。以前的投标商主要是广东、云南、香港、台湾地区乃至东南亚珠宝商、翡翠商。而那时，中国内地很多的煤老板、矿老板、地产商和OEM企业的老板携资金涌入。在2011年3月第48届公盘时涌入的热钱就超过30亿美元。跟着华人学聪明的缅甸人，对这场热钱的炒作游戏非常看好，很多玉石一路飙升，天价玉石比比皆是，1块6千克的冰种紫罗兰最后成交价接近2亿元，如果运到国内机上海关税33.9%，此原料价格超过3亿元。据专家估算此料能做6只高档翡翠玉

2010年11月缅甸年终珠宝玉石交易会标王——冰种紫罗兰，6.6千克，价格约1.99亿元人民币

镯、10余个挂件、几十个蛋面，但每只玉镯价格超过5000万元，这块料才能不亏本。

在缅甸公盘上近两年经常上演天价故事，当然也有人在天价故事中一夜暴富。一位曼德勒（缅甸第二大城市）红宝商人因红宝生意不好，改做翡翠，购进了一堆价值2万欧元（约合20万人民币），重约2吨的原料。因其自身对翡翠了解不多，便将其中一块52千克的原石以5000欧元（约合5万元人民币）的价格转手给一位台湾地区的商人。这位做毛料的台湾地区的商人对切石经验不多，根据原石的表象，标了一个比较实惠的价格，在曼德勒珠宝市场贩卖，一位长期做解石的翡翠行家看中了这块料子，经过讨价还价之后，以1.4万欧元（约合13万人民币）购得。他将石头解开之后，发现如他所料里面有大段水色极好的玻璃种带绿的上等翡翠，于是他将原石切成5片，带到第48届翡翠公盘销售，最后以1681万欧元（约合1.5亿元人民币）成交。

在公盘上，有人一夜暴富，也有人一夜倾家荡产。曾有人在公盘上买了一块石头，切出的镯子卖了1.03亿人民币，挂件卖了600多万，余下的料子也卖了400多万。外人看见这些惊人的数字之后，认为货主肯定大赚特赚，其实不然，此块料子购买价格接近1.3亿元人民币，加上关税、加工费用，货主是赔了1000多万元。而缅甸公盘管控并非很严，在一个法治不健全的国家内，公盘毛料作假、染色、调包的事情时有发生，虽然中国各玉石行业协会积极与缅甸政府协商解决，但是仍有一些玉商投进去的是真金白银，换回来的却是一堆烂石头，因此倾家荡产。

翡翠原石市场永远是一场风云莫测的游戏，若不是多年的老舵手，轻易别入市。本书将2003年至2012年部分公盘交易汇编成表（表1-2），以供广大读者参考。

碧玉妆成一树高，万条垂下绿丝绦。
不知细叶谁裁出，二月春风似剪刀。

——唐 贺知章

翡翠件的

评价与创作

Pingjia yu Chuangzuo

表1-2：2003——2012年缅甸珠宝交易会及部分缅甸年中交易会统计表

名称	日期	规模	珠宝玉石成交额	翡翠原石份数	翡翠成交份数
第40届缅甸珠宝交易会	2003年3月15日至23日	408家公司，1062人	约合人民币1.930亿元；其中翡翠原石成交约合人民币1.181亿元		446份
2003年缅甸年度中期珠宝交易会	2003年10月17日至22日	322家公司，838人	约合人民币1.422亿元，其中翡翠原石成交约合人民币1.4亿元		
第41届缅甸珠宝交易会	2004年3月16日至21日	437家公司，1106人	约合人民币1.898亿元		503份
2004年缅甸年度中期珠宝交易会	2004年10月27日至11月4日	332家公司，825人	约合人民币1.941亿元	1588份	717份
第42届缅甸珠宝交易会	2005年3月30日至4月初	600多人	参展珠宝玉石总价值约合人民币2.400亿元		
2005年缅甸年度中期珠宝交易会	2005年10月6日至15日	2053人	约合人民币3.882亿元		
第43届缅甸珠宝交易会	2006年3月18日至24日	1006人	约合人民币8.116亿元	2459份	
2006年缅甸年度中期珠宝交易会	2006年10月19日至29日	3000家国内外公司	约合人民币9.884亿元	4200份	2669份
第44届缅甸珠宝交易会	2007年3月8日至20日	3420人	约合人民币15.244亿元	4000多份	
2007年缅甸年度中期珠宝交易会	2007年7月4日至16日	4093人			
2007年缅甸年终期珠宝交易会	2007年11月14日至26日	2094家公司，3616人		5140份	3384份

第45届缅甸珠宝交易会	2008年3月9日至20日	2826人	约合人民币29.867亿元	7000份	4577份
2008年缅甸年度中期珠宝交易会	10月		约合人民币15.398亿元，其中翡翠原石约合人民币15.134亿元		
第46届缅甸珠宝交易会	2009年3月	4000余人	约合人民币13.051亿元，其中翡翠原石成交约合人民币12.884亿元	5688多份	3557份
2009年缅甸年度中期珠宝交易会	2009年6月22日至7月4日	约5100人	约合人民币19.953亿元	7200份	5000多份
第47届缅甸珠宝交易会	2010年3月	3236人	约合人民币39.668亿元	10327份	7244份
2010年缅甸年度中期珠宝交易会	2010年7月	4200多人	约合人民币70多亿元	11272份	
2010年缅甸年终珠宝交易会	2010年11月17日至11月29日	7000多人	约合人民币89亿元	9157份	8886份
第48届缅甸珠宝玉石交易会	2011年3月10日至22日	1.1万余人	约合人民币185.958亿元	16926份	13608份
2011年缅甸玉石珠宝特卖会	2011年7月1日至7月13日	9366人	约合人民币93.082亿元	22427份	21500多份
2011年缅甸玉石年终交易会	2011年12月22日至2012年1月3日	4037人		11789份	成交率不足50%
第49届缅甸珠宝玉石交易会	2012年3月	5300人		16695份	暗标成交率58%，明标成交率40%。提货率更低

▶ 公盘 >>>>>

缅甸政府在20世纪60年代初将所有的矿产资源收归国有后，为堵塞税款流失，使稀缺的翡翠玉石资源为国家创造出更多的外汇收入，于1964年3月开始举办翡翠玉石毛料公盘。分为：

1 缅甸珠宝交易会

1964年开始举办，每年的3月举办一届，翡翠玉石毛料占缅甸年总开采量的2/5左右。

2 缅甸年度中期珠宝交易会

1992年开始举办，每年的11月举办一届，翡翠玉石毛料占缅甸年总开采量的2/5左右。

3 缅甸珠宝特别交易会

1995年开始举办，由缅甸国营大型珠宝公司自行组织货源，选择在每年的1月或6月不定期地举行。翡翠玉石毛料占缅甸年总开采量的1/5左右。

▶ 公盘交易币种 >>>>>

公盘交易币种为欧元，表格中列举已将欧元换算成人民币，汇率以每届公盘举行时段汇率为准。

▶ 内比都公盘 >>>>>

1964年~2009年，公盘在缅甸仰光举办；随缅甸迁都内比都，2010年10月起公盘也迁至内比都，俗称"内比都公盘"。

▶ 解石 >>>>>

将翡翠毛料根据其自身特点以及所需而做的根据货型进行擦皮、分解，以便成为胚料的过程。

原本赌石只是玉石行内的活动，近两年随着对翡翠的普遍认知不断提高，赌石逐步成为普通大众也非常喜欢的游戏，在很多一二线城市，乃至三线城市都有赌石会所。节假日凑上三五个好友，拉上懂行半懂行的朋友，花点小钱，赌赌运气，赚了皆大欢喜，输了也无所谓。可谓"小赌怡情"。

擦石前必先向神灵祈祷，这是缅甸赌玉石祖辈传下来的老规矩

但并非所有人都满足于此，总有那么一些人想通过一赌发家，然而这并不现实。"神仙难断寸玉"，翡翠本身的复杂性决定了，即使是行家里手也未必能够百分之百看准。东方金钰董事长赵兴龙被业内人士誉为"玉疯子"，断石方面可谓是高手中的高手，他曾自谦道：若说别人是十赌九输，那么自己不过十赌七输罢了。

因此，即使业内的行家谁也不能打保票自己赌石稳赚不赔。

2011年底，北京一家翡翠会所开业，开业当天会所主办赌石大酬宾，一位客人花100元买了一块蒙头料（全面包裹皮壳的料子），就近跟当天对原石标价的师傅咨询："师傅，帮忙看看能不能赌涨？"这位在缅甸翡翠矿山上呆了七八年的老师傅，拿着高光手电照了又照，说："这块石头没什么表象，砂皮（皮壳的俗称）太厚，实在看不出来，不过不太像好石头。看它个头还不大，你一头一尾切少许，再拿给我看吧。"

陈先生与他的缅甸朋友研究这块石头从哪里入手

于是，这位嘉宾将石头递给了切石房的师傅，不一会儿就听见里面喊道："大涨了，大涨了。"原来这块连老师傅都判断不准的料子是块高色料子，并且水种不错，根据切后判断，做出来的东西至少值20万元。

同样被误判的翡翠原石也不在少数。在桂林俊懿翡翠艺术馆的创作基地，一块砖头料被当作学生的练习原料，谁知一刀下去居然出现高绿，原本被判了死刑的石头一下子价值过百万。而这个基地的主人王俊懿入行20年，是翡翠界首屈一指的雕刻大师，对翡翠原料颇有研究。

这样的故事在翡翠行内时有发生，无数翡翠大王都是一赌发家。腾冲著名官四玉的主人，因为年轻时家贫，19岁进了缅甸玉石场，采玉50余年都没有遇到好料子，年逾古稀之时，依然贫苦，便觉人生无趣，想跳崖了断此生。跳崖之前，尿急便撒了一泡尿，没想到这一泡尿浇出来一块色正种细水长的翡翠原石，个头足有水磨大小，靠此他衣锦还乡荣归故里。

现在市面上的翡翠赌料一般分为三种：

▶ 明料 >>>>>

皮壳基本擦去，玉肉外显，但没有经过打磨抛光，赌性不大。若是懂行者基本可以算出起货率，但不懂行者依然有可能赌输，因为抛光做货之后，也有可能在水种色上都会降低几分。

▶ 半明料或擦窗料 >>>>>

即在原石上磨去一面的皮壳，或敲出几个小口，赌性比较强。这时候需要赌石人根据皮壳和窗口的表象来判定料子的好坏。"敲窗高三分"，所开窗口的地方必定是这块石头水最旺、种最好、色最正的地方，因此行外人不要看了窗口就买下。曾有一位玉雕大师花8万元买下了一块糯种蓝绿色的石头，一刀切下去就冒出了牙膏，原来那位缅甸原石商人在里面做了手脚，切下薄薄一层玉肉之后将里面挖空灌

上绿色的牙膏，然后再做了外面的皮壳。这种手法非常常见，而且他们做皮壳手段高明，若非赌石行家一般难以看出。

▶ 蒙头料 >>>>>

基本没有开窗口，全身皮壳都在，赌性极大。这种料子可以根据外在表象进行判断，这种料子若价格很高，不是高手绝不要碰。一位在云南边境多年从事毛料交易并在缅甸翡翠矿山学习多年的原石商人说："到了国内的蒙头料基本没有什么漏可捡，因为已经经过多道筛选了，在缅甸矿山上那些擦石老师傅火眼金睛，八九成的好料都被筛出去了；到了瓦城或者公盘，买家又过了一道手；到了国内可能还要过两遍筛选，捡漏就成了万里挑一的事情了。"

那么，普通人在"小赌怡情"的过程中，怎样才能获得赌石的乐趣呢？行家可以认场口，但是这对普通人来说太难了，别说认场口，记住那些复杂的缅文地名就已经是天方夜谭了。在此，本书教给大家几个简单的小方法：

1 看砂皮

砂皮即皮壳。砂粒要翻得均匀，如果粗细不均，里面的石头就会很差；砂粒摸起来有粗糙感，像男人刚刚冒出来的硬胡茬，这表明里面的种很好。如果硬度不够，那么里面的种就很嫩，不够细腻；如果砂粒比较松，一搓就能够搓掉，那么色就不会进入得很深。

因此，好的翡翠原石砂皮的表现是：砂粒颜色一致、清秀、微有光泽、油脂性佳、水质性其次，里面的玉肉才会有很好的透明度；如果砂粒的颜色不一致、不清秀、比较干、无润感，里面的玉肉可能种差、水干，难出好东西。

翡翠件
的
评价与创作
Pingjia yu Chuangzuo

2 看毛病

先看裂绺。行内有句话叫"不怕大裂，就怕小绺"，因为大裂可以根据经验掌控其走向，但小绺不同，即使行家也不能断准其分布。如果一块个头较大的玉石仅有几道大裂，可以赌；如果有细绺，若是沿同一方向也可以赌，但若是十字交叉，可以说十赌十输。

其次看癣，就是皮壳上的一种块状的其他色，一般红油癣、灰色癣较多。赌癣的时候要看是哪种癣，而且癣多癣少，如果癣多，就不可赌。再次看窗口，窗口可以来断定水长水短。

3 看色

即表现在皮壳上的松花和蟒带（皮壳出现的绿色）。松花和蟒带一定要鲜，要呈绿色，成片或者成带子状，才能赌到高色的好货。如果松花很散，星星点点，开出的料子只能做中低档镯子或者花牌。

赌石是一门学问，没有多年的接触和经验积累，单凭运气很难赌到好石头。因此，赌石是眼力、财力、勇气和运气的结合。

附：腾冲世代流传的《赌石歌》几首：

满色干青料子，用作色货、薄冰货，无水不透明，价格中低

赌石歌

赌石是一门学问，没有多年的接触和经验积累，单凭运气很难赌到好石头。

因此，赌石是眼力、财力、勇气和运气的结合。

附：腾冲世代流传的《赌石歌》一首：

一

买石方，断石章，皮裂癣蟒松花观。多看擦，少解买，冷静判断莫乱来。皮壳状，裂绺像，判断质地和取样。

二

仔细观，耐心钻，癣蟒松花断色方。皮裂癣，蟒松花，各种表现选最佳。玉石皮，三类分，粗粉细皮沙皮称。

三

断石身，仔细分，十六种类与特征。黄沙皮，翻黄粒，均匀立起好稀奇。白盐沙，两层皮，先黄后白最高级。

四

水翻沙，生锈皮，杨梅沙皮暗红粒。脱沙皮，掉沙粒，变白变黄好种居。铁沙皮，土豆皮，得乃卡皮高色率。

五

石灰皮，笋叶皮，铁锈高色盖灰底。田鸡皮，腊肉皮，老象皮粗底玻璃。黄梨皮，微透明，含色率高难找寻。

六

黑钨砂，有腊壳，帕岗南奇出好货。不倒翁，硬度低，喜马拉雅是产区。率壳石，全绿色，满绿水干没底儿。

七

莫江石，似乌砂，不分皮肉不翻沙。水沫子，颜色好，秧多细小有气泡。拔龙石，多黄皮，有色皮秧硬度低。

八

大为裂，小为绺，大裂小绺危害多。宁赌色，不赌绺，不怕大绺怕小绺。鸡爪绺，难捉摸，马尾糍粑是恶绺。

翡翠件 的
评价与创作
Pingjia yu Chuangzuo

十七
卡桑蟒，如蜂窝，一半皮厚一半薄。好赌石，难找它，丝条点蟒带松花。荞面蟒，颜色淡，沾水一看好决断。

十六
白色蟒，灰白佳，黑石白蟒高绿辖。带子蟒，如拧结，蟒带松花莫放它。丝丝蟒，丝丝绿，不会连片如表皮。

十五
白色癣，马牙状。纵使有色难取样。里癣状，铁钉样，扎进石身把肉伤。黑点癣，看密度，稀买密让看清楚。

十四
一潭癣，一片绿，你中有我癣夹绿。猪棕杨，扎石上，破坏性大要防范。灰色癣，集中好，癣样散开会乱跑。

十三
癣点癣，生黑眼，一点绿中一点黑。蝇屎点，乃脚癣，追踪绿色很危险，满个癣，讨人闲，癣肉不分不值钱。

十二
黑色癣，如煤炭，表癣可赌里癣让。枯癣状，象脓疮，颜色中间有疤斑。膏药样，贴石上，膏药癣下游色藏。

十一
皮壳上，有异样，点片块状黑灰斑。表癣皮，里癣立，癣易有绿又吃绿，买毛石，看癣状，黑枯膏药好癣样。

十
白色雾，黄色雾，存色率高水种足，黑色雾，有高绿，雾厚底灰石规律，红色雾，爱跑皮，雾跑皮石多灰底。

九
雷打绺，像闪电，格子绺状看深浅。火烟绺，了不得，老场此绺会吃色。皮肉间，存有雾，判断质量和硬度。

二十四

毛针花，难辨析，易藏高绿和满绿。椿夹绿，在表皮，有椿色死是规律。爆松花，大面积，颜色鲜艳绿跑皮。

二十三

谷壳形，似糠皮，好种翻砂高色率。蚯蚓象，柏枝状，一队蚯蚓爬石上，霉松花，色不漏，十赌九跨是定论。

二十二

卡子样，卡石上，卡子带子一个样。一点绿，一黑点，黑点疏密要看清。有粗细，有长短，一笔松花赌粗长。

二十一

黄绿粉，淡绿样，荞面松花赌浓淡。点点状，丝丝样，表如其里不麻烦。石角上，带绕头，大小定价不用愁。

二十

石皮上，绿色现，玉石内部色反映。有浓淡，有疏密，越绿越好色鲜稀。忽粗细，忽跃跳，带形松花缠石绕。

十九

大块蟒，有色藏，擦蟒见色让人狂。石纹路，难熟悉，见蟒找蟒不稀奇。细心看，耐心钻，一眼辨蟒看石穿。

十八

半松花，半截蟒，半截蟒下有绿藏，丝丝蟒，丝丝绿，好种石头色反弹。一笔蟒，看粗长，大小决定包头蟒

第五节

【翡翠的三大加工基地
——揭阳、平洲、四会】

翡翠主要来自缅甸，生产和批发却在"片玉不产"的广东。百余年前，随着清王朝的解体，很多皇家玉雕师为求生存开始南移到沿海开放地区讨生活，也把精致的玉器、高超的玉雕手艺带到了广东一带，逐步形成了农耕文化与海洋文化相结合的岭南玉雕，它既有北派玉雕的豪气，也蕴含着苏州玉雕的精细灵巧。

在百余年发展过程中，逐渐形成了揭阳、平洲、四会三大翡翠玉石加工基地，以及广州华林寺玉器批发市场。这三大基地加一大市场为全国翡翠市场提供了8成的高端翡翠、7成的中低端翡翠，以及9成的摆件。

一 揭阳

揭阳，对于很多翡翠消费者来说是一个极为陌生的地名，很多初入行的翡翠商人也未必熟悉它，但它却每年采购缅甸近9成的上等翡翠原料，出产8成的高端翡翠。揭阳的翡翠加工重地是一个叫阳美的小村庄，它只有3000人、0.67平方千米土地。这个在中国地图上不过是一个小小圆点的地方，却年产值逾千亿元。

揭阳阳美全景

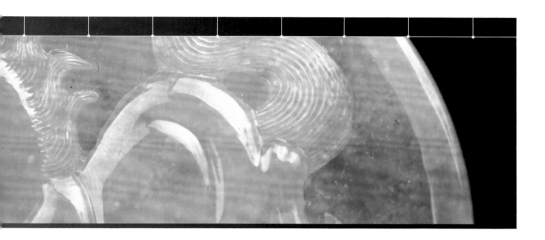

揭阳是潮汕平原中部的一座粤东小城。它东邻汕头、潮州，西接汕尾，南濒南海，北靠梅州，一条榕江穿城而过，造就了美丽的鱼米之乡。

它的历史起源于先秦百越时期，但在渊源流畅的历史长河之中，它始终独守着一份寂静。直到一个叫阳美的小村落，在百年前掀开了玉器的历史，才打破了这方水土的沉默。特别是近几年，阳美成为中国乃至东南亚珠宝界最为火热的名字——"中国玉都"、"亚洲玉都"、"国家级非物质文化遗产"、全世界最大的高端翡翠加工商贸基地。在阳美玉器的极速发展之下，玉器界的一项项桂冠被揭阳摘得。

百年之前，潮汕因为人多地少，寻求出外谋生者日渐增多。在农闲季节，为了生活，很多农民收起了旧货首饰，改装之后再销售。正如阳美《碧园》碑记中所撰："乡人族亲、世代辛劳，亦农亦工，既艺又商。昔曾操朱提丽水之物，后则营昆山缅州之珍。涉年累月，业经一纪之长。"

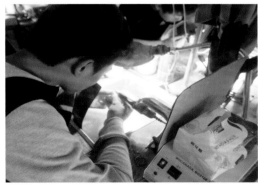
揭阳阳美玉雕作坊，玉雕师正在工作

揭阳阳美切石师傅正在切石

最为常见的莫过于"挑八索"，也就是挑担贩卖的小买卖。这担里多挑的是收购来的头饰银花、古董瓷器，或是自创纸制花卉（妇女头饰）；或是针头线脑。或卖或换，走街串巷，在十里八乡中互通有无，换一口饭吃。

随着贩卖不断积累经验，这些农民发现原本重视的可以熔炼的金银远不如那些被当废料敲下去的珠玉值钱。因此，在收购首饰、玩品的过程中，珠玉翡翠逐渐成为重点。因此，他们被称为"玉农"，脱离农田之后，成为以玉石换取粮食的农民。

随着越来越多的农民做起"挑八索"，竞争随之增加，他们的足迹越走越远，先是揭阳榕城、渔湖、蓝和市、曲溪、炮台、棉湖、河婆等邻近地区；后是汕头、汕尾、潮州等地。

夏翰城，一个贫苦家庭出身的孩子，家中只有几亩薄地，且弟妹众多，读了两年私塾之后，便做起了"挑八索"。由于腿脚勤快，能说会道，心灵手巧，能将旧的金银饰重新设计翻新，销售提升，倒也赚了一些小钱，勉强维持生计。

可奈何，1905年的春天，老天跟他开了一个玩笑。一场春雨之后，他带着收购的两担翡翠手镯回家，在湿泞的路上跌了一跤，玉镯摔碎。几年的努力，毁于一旦。看着破碎的玉石，想着以后的日子，他不免悲苦。但家中生计还要维持，他便将这些摔碎的镯子带了回去。

连绵的春雨下了几日，他无法出门，便愁苦着脸对着那些摔碎了的翡翠玉镯叹气。母亲心疼早早承担家庭重担的大儿子，便劝慰了几句："天无绝人之路，下着雨，也不好去收什么，不如将前面收来的几只银花、金耳环翻新一下。"这一句话似乎提醒了夏翰城：既然银花金饰可以翻新，上面镶嵌的珠玉可以取下，为什么我就不能将这些碎玉锯断修改，重新镶嵌呢？

　　夏翰城没有想到他这一举动打开了揭阳玉都百年琢玉历史的开篇。几经尝试之后，他成功地做出了翻新首饰，并颇受欢迎。此后，他大胆收购没人要的碎玉，专门开办了戒指环、银花碎玉的半成品加工作坊，随后他还不顾家人的反对和指责，将这一技术无私的传授给了邻里乡人，让更多的人学会了新的谋生手段。

　　20世纪初，恰逢中国民族资本主义高速发展时期。以夏翰城为首的玉农顺应了时代的要求，从土地上脱离出来，由简单的"挑八索"做到了手工业主。这种创新、锐意进取的精神，促使玉农不断前进，为揭阳成为玉都提供了最初的条件。

　　百余年来虽然翡翠行业随着社会变革几经动荡，但是阳美玉商在任何时候都不畏艰苦，坚持做玉，使玉器行业在这里从未断代，并在改革开放后发扬光大。从原来只做旧货改装，到买石、切石、雕琢新产品。阳美人在20世纪80年代中期之前几乎没有购买过原石，今天却成了缅甸公盘、国内各大二级公盘最大的原石购买客户。是什么成就了他们的眼力、财力和勇气呢？

　　一是源于阳美人的抱团精神。最初大家都没有太多的财力与实力雄厚的香港商人和台湾地区的商人一较高低。后来他们开始将大家的钱汇聚在一起，形成"股份制"，共同赢利共担风险，既形成了合力，也避免了某一家因判断失误倾家荡产的风险。

良人玉勒乘骢马，侍女金盘脍鲤鱼。

——唐　王维

二是阳美人的开放精神。在阳美一家切石有兴趣的人都可以去观看，谁家有了新发现、新设计也决不藏私，所以阳美如同一个大学校，大家互相学习，在赌石断章上能够急速提高，水平超越很多地方，垄断了高端翡翠原料以及生产。

经过一代代玉商的摸索、传承和创新，融汇南北两派的玉雕风格，吸收潮汕木雕、石雕、潮绣、陶瓷等传统工艺的精华，形成了独具阳美特色的翡翠玉雕工艺，成为我国玉雕百花苑中的一朵奇葩。

阳美玉雕千姿百态，款式多样，有1万多种款式。风情万种的首饰、千姿百态的雕件，既有皇家宫廷工艺的庄重、高贵和典雅，又有江南民间工艺飘逸灵秀的神韵。一百多年来，阳美玉雕工艺，形成了以"精、奇、巧、特"取胜的独特风格，深受海内外玉器珠宝行业的青睐和推崇。

精，指精确算料，精心设计，精工制作，以小见大，突出文化艺术内涵；奇，指充分利用玉石的天然纹理色彩，大胆构思和创作，设计奇特；巧，指俏色巧雕，设计巧妙；特，指用特殊的材料和工具，因材施艺，用工独特。其中"翡翠龙带钩"、"紫色玉观音"和"翡翠玉镯、戒指、戒面、鸡心"及"玉雕"、"玉坠"、"仿古飞禽走兽"、"玉香笼"等款式，独树一帜，造型丰满，工艺精巧。

【 58 】

提起平洲也许大家有些陌生，但说到佛山恐怕无人不知了，如黄飞鸿的佛山无影脚、叶问的咏春拳。可能很少有人知道佛山南海区所管辖的小小的平洲是一个出产美玉的地方。

目前在全国四大玉器基地中，平洲以产量最大而闻名，而且平洲还有全国最大的二级公盘，即国内最大的翡翠毛料集散地。自2012年缅甸年中翡翠公盘无法召开之后，翡翠行内有一句话："翡翠涨跌看平洲"，可见平洲翡翠公盘对翡翠行业极具影响力。

平洲玉器起源于上世纪70年代，以光身件和手镯见长。这里是全国最大的镯子批发基地，全国翡翠店里一半以上的镯子出自平洲玉器一条街。

上世纪70年代中期，陈广、陈作荣、陈锐南三兄弟创办的平洲平东墩头玉器加工厂（属社队企业），承接省工艺品进出口公司的玉器发外加工业务，以加工光身件为主。由于陈锐南先生管理有方，加上洗脚上田的玉器厂工人刻苦敬业，在省工艺品进出口公司的几个发外加工点中，墩头玉器厂的加工技术最好、质量最佳，因此业务量不断增加，为集体挣取可观的加工费的同时也培养了一大批玉器设计、加工、制作的技术人才。

改革开放以后，平洲个体户如雨后春笋般涌现。墩头玉器厂的技术工人以及散落平洲各地的玉器老行尊、能工巧匠，纷纷自筹资金，到云南中缅边境一带的腾冲、盈江、章风、瑞丽、宛町采购缅甸翡翠玉石，回来进行家庭作坊式玉器成品的加工销售。

平洲公盘开盘前，平洲珠宝玉器协会会员在协会大楼内办理入场等手续

平洲公盘现场

翡翠鉴赏 FEICUI JIANSHANG 无色翡翠：质地——较细 质地致密，肉眼可见矿物颗粒，粒径大小较均匀。

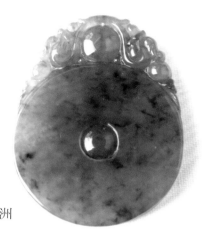

由于平洲玉器同行擅长做的光身件不但质量好、工艺佳，而且售价廉，很快就蜚声我国内地与港澳台地区以及东南亚的玉器界，各地的玉器商贩直接到平洲平东墩头村上门采购玉器成品，平洲玉器市场由此形成。形成于上世纪80年代中期的平洲玉器市场，到90年代中期销售产值已增至过亿元。

在新旧世纪之交，由于行业自律的缺失，平洲玉器市场中有少数害群之马在零售玉器成品时把B货当A货卖，把C货当真色卖，以次充好，以劣充优，强买强卖等，损害了消费者的经济利益，一度败坏了平洲玉器市场的声誉。为规范玉器市场的交易秩序，保障消费者的合法权益，2001年正式成立了平洲珠宝玉器协会，制定了《平洲玉器市场交易行规》并有专职工作人员处理投诉，欺诈行为从此极少发生。

平洲之所以成为缅甸翡翠玉石集散地，是平洲珠宝玉器协会努力的结果。据协会会长梁晃林先生介绍，云南中缅边境线上的一些地方由于地方保护主义思想浓厚，曾经使平洲玉器经营者合法权益、经济利益屡遭侵害，人身安全也受到威胁，投诉不了了之，难觅讲理和仲裁的地方。平洲珠宝玉器协会成立后出面倾力维权，但收效甚微。在这种情况下，2001年几位在缅甸颇具影响力的玉商联合起来，用多年来在缅甸累积的公共关系资源和与各大翡翠采矿公司老板们的良好关系和感情，奔走呼号，游说他们把玉石直接运来平洲出售，以避开中间环节，双方互利。2003年初，玉石源头与用户开始衔接，玉石集散地移至平洲。平洲目前已成为国内最大的缅甸翡翠集散地。截止到2013年年初，平洲协会共有会员33000多名，是国内珠宝行业办得最好的"草根"协会（毫无官方背景）。

金樽清酒斗十千，玉盘珍馐直万钱。

——唐 李华

2010年初，为提升平洲玉雕水平，平洲珠宝玉器协会组织成立了玉雕文化艺术促进会，目前吸收了200多名玉雕界的新锐入会，并每年举办1~2次的玉雕大赛，促进了平洲玉雕的长足进步。

　　玉雕文化艺术促进会主席梁容区说："天工奖、神工奖历史悠久，都是大师级的比赛，这就好比古代的科举制度。我们这个重在切磋，就像比武擂台。平洲玉雕将岭南文化艺术与玉器文化艺术融会贯通，平洲受海洋文化的影响自古以来就不缺乏创新人才，如政治上的康有为，艺术上的岭南画派。我们这里的年轻人非常胆大，受外来文化的影响颇具创新思维，敢做一般人不敢做的东西。我们年年做这些活动既为这些年轻人提供了一个舞台，也体现了平洲岭南派玉雕的特色。"

　　岭南是古代海上丝绸之路的要道，是西方文明与华夏文明交流的窗口。自汉代以来，海洋给岭南带来商业和开放的优势，使岭南人逐步形成开放革新、兼容并蓄、务实求变的心理，其特点反映在玉雕上也是多元性的。岭南派玉雕在传承的基础上注入了符合时代审美的构思，在吸取绘画、雕塑、书法、石刻、当代艺术等艺术精髓的同时，大胆地将现代审美情趣引入到玉器的创作中，加入了透视、结构、层次、高光处理等学院元素，为玉雕界打开了一个全新的艺术形式和视野，丰富了玉雕的表现领域和价值空间。岭南派玉雕形成了敢为人先、求先求变的理念，凭借颇具颠覆性的想象力、无所不用的题材，风格自成一派，给人带来全新的视觉感受，同时也令人不由感叹平洲玉器已由工艺品时代迈入艺术品的时代。

2012年平洲珠宝玉器协会摩斯沙杯岭南玉雕大赛创意金奖作品：霓裳

三 四会

四会距广州市场约90千米，距平洲市场约80千米，也是清朝末年才兴起了玉雕生意。现在这里以经营花草类（雕刻花草、人物图案、座件、玩件等）玉器为主，是四大市场中花件类最多的；销售以低档货为多（当然其中也不乏精品和高档货），主要是雕刻类半成品，如观音、佛公，或寓意吉祥、或辟邪消灾等，价格相对较便宜。这里出产中国翡翠市场9成的摆件，绝大部分旅游市场的货品。有人曾开玩笑："翡翠旅游市场在云南，工厂在四会。"

提到四会就不得不提到一个地方——天光墟，这里类似于北京旧货古玩市场，一大片开放如菜市一样的档口，有几个进口却没有门，一排排横着的柜台，也如简单的菜市中那些石制的条案柜台。每一个档口以米来计算，每家每户也就是那么两三米柜台，摆的是密密麻麻的玉器小件，间或有一两家小摆件。

每天凌晨三四点钟，这里就已经异常热闹。翡翠火爆的年份里，这边长案上玉商的小台灯能超过1万盏，排在长案上犹如长龙在海中游弋，而南北往来的玉商每天达数万人次，周围的饭店酒店天天爆满。

天光墟最初仅仅从凌晨三四点开到早上八九点，犹如传说中的鬼市。这里的玉商也从不开口叫价、以口还价，而是每家都有一台计算器，在计算器上默一个价，客商看了摇头说："老板看不到啊，看不到啦"，然后再默一个价回去，来来回回几次，大家利益点调兑平衡了便成交。

在天光墟的货有成品也有毛货（没有抛光的货），毛货多为作坊头天做出来凌晨就上市的。这里多为夫妻店，老公和孩子在家雕，老婆看摊，一天做好几样，一天卖几样，他们经常光顾石料市场买点料，通常他们的货几个托盘就搞定了。虽然也会随行就市叫一些高价，但是只要你懂行、还价到位，基本他们就会出手。因此，只要你眼力好，常常能够从毛货中捡着漏。有一个朋友以2万元在这里买了一个毛货龙牌，抛光之后水头大涨，颜色也浓艳不

四会天光墟玉器市场（拍摄于2011年5月，摄影师：阿诺）

少，价值一下子从2万变成10万了。

除了能够捡漏，这里常常还有一些玉雕学徒的作品，这些作品不够成熟，往往只卖个材料价，买一些回家把玩还是不错的。这些小作品也许雕工拙劣一些，但是作品具备创意，如有哄孩子玩的喜羊羊与灰太狼，也有极具艺术特色的各种几何图形。四会玉商财力不大，因此好料子不多，所以在一般的料子上，他们会花很多的心思，常常以独特取胜。

然而随着市场遇冷，天光墟也在逐渐缩小，以往常能见到的精美作品，最近在逐渐减少。因低端翡翠销售不畅，2012年底2013年初，这边市场的价格极为便宜，是个捡漏的好时机。但天光墟鱼龙混杂，B、C货较多，因此要仔细观察以免打眼。

目前，四会的玉雕行业本地人、福建莆田人、河南南阳人三分天下。本地人多从事的是出租档口，卖一些玉雕厂成品，能够雕刻的人不多。而福建莆田人和河南人则从事

玉雕者较多，莆田原是田黄石雕刻的故乡，但随着田黄石开采殆尽，他们走出莆田开始从事翡翠雕刻，延续田黄雕刻的传统，他们擅长人物和动物。而河南玉雕师傅多是来自南阳，从前很多老师傅从事独山玉玉雕，但是随着独山玉开采管控从严，他们转向了翡翠玉雕，延续独山玉玉雕的传统他们擅长花鸟鱼虫和山子。现在四会玉雕作坊大多还是沿袭古老的组织形式——家族、师傅收徒弟。有点规模的玉雕厂也有，但大多生产便宜的低档货，有水平的玉雕师傅是不这么干的，他们收徒弟有严格的要求，只收本乡人，最好是本家。据说徒弟学徒3年没有工资，师傅只是管吃住，但师傅培养徒弟也不容易，学徒开始手生，雕坏料子、弄坏设备的事时有发生，学徒的作品往往由于工艺水平差不怎么好卖，也卖不上价钱，而且3年学徒期满后徒弟自立门户的可能性很大，所以师傅招徒弟都是尽量地找自家人。

本章作者与四会出产的最大翡翠白菜摆件（2011年5月，阿诺摄影）

第六节

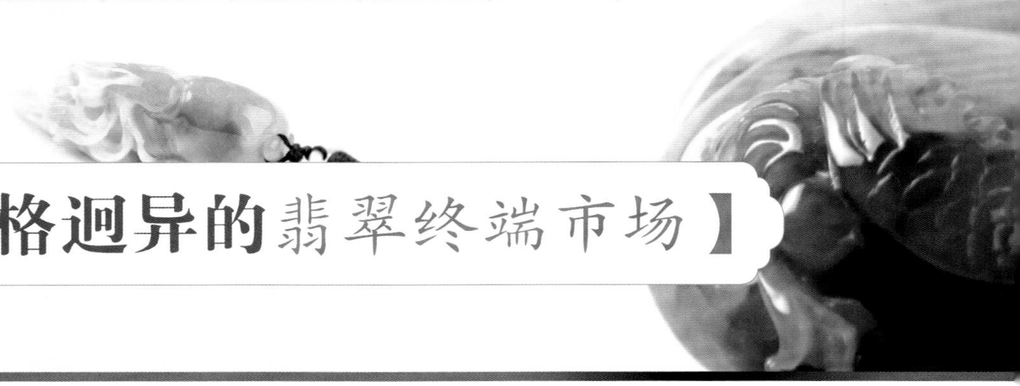

【型格迥异的翡翠终端市场】

广东虽然是翡翠的加工地和集散地，却不是翡翠的天然卖场。有一位"七彩云南"的高管曾言："8成的高端翡翠都会落地北京，最终石沉大海，被大玩家收藏起来很少出手；而8成的翡翠旅游产品都出自云南，那里是翡翠的天然卖场。"

随着中国经济快速发展，人民生活水平的迅速提高，玉文化的回归。现在不仅仅在一二线城市随处可见翡翠的身影，即使在三四线城市，富裕的家庭也开始将目光投向翡翠。但购买的范围存在着不同，一二线城市对翡翠的认知提升较快，他们的目标除了消费级翡翠，还有一些珍品收藏，虽然翡翠变现较难，但是比较好珍藏，升值快、保值好；三四线城市对于收藏还是消费没有什么概念，有些消费者认为是翡翠就能保值，这种观点并不科学，也有人了解低端翡翠不能保值，所以只是买来玩玩，目标是挂件不要超过1克千足金的价格，手镯不要超过5000元。所以，几百块的有色产品极为好销。

目前，中国形成规模的翡翠消费区主要有三个：以北京为主的京津塘地区，以南京和上海为核心的长三角地区，以旅游品为主的云南。

一 高端翡翠的百宝箱——北京

800多年的皇城文化造就了翡翠与北京天然的血脉相连，翡翠名气也是从这里走向全国。从云南马家进贡给乾隆皇帝、被乾隆皇帝赐名的"传世玉"，再到慈禧的翡翠白菜、翠玉豆，这200年间翡翠从富裕人家走向皇宫，从皇宫走向达官贵人，到清末民初时，老坑玻璃种的翡翠已然是天价。

从新中国成立到上世纪80年代中期，因为政治、经济多重原因，中国的珠宝业一直处于休眠状态。翡翠身影也一直隐藏在那些曾经祖上显贵人家的箱子里，一直不敢拿出来，以免露富惹事。

1985年，中国政府开始将黄金饰品向平常百姓开放，这时北京的翡翠玉器才逐步浮出水面，一直到20世纪90年代中期，翡翠才走向大众的视野。

早期曾在中国珠宝玉器首饰协会工作的万珺回忆道："1992年中宝协组织的最早的珠宝展，多数参展的商家都来自深圳、福建和浙江，而且都是以小颗粒的红蓝宝石、淡水珍珠、水晶饰品为主营。1994年，中国嘉德看到了珠宝市场的潜力，认为高档珠宝首饰在中国未来肯定会有大的发展，因此开创了珠宝翡翠专场拍卖。那时人们主要消费的珠宝首饰是黄金饰品，平均消费额度单件也就是几百元钱，而我们拍卖的翡翠珠宝都是几万到几十万元，那真是罕见的高价。由于市场容量有限，嘉德做了两年就不做了，直到最近几年才又重新开始。"

钟鼓馔玉何足贵，但愿长醉不愿醒。

——唐　李白

目前，北京数十家珠宝城中大多数都是以翡翠为主。虽然有的珠宝城因为2012年翡翠市场极其萧条，年底出租时抵制翡翠商家入场，但是也难以改变翡翠占北京珠宝市场半壁江山的事实。虽然有的专家提出"在北京市场，翡翠占到2～3成是正常，超过5成，很多商家会生存的很艰难"，但翡翠依然是许多珠宝新店的首选，毕竟北京是对翡翠认知最为成熟的城市之一。

虽然北京近两年珠宝城的销售一路走低，但是北京的翡翠多以隐形渠道取胜，行内经常会听见某家会所走了几百万的挂件、上千万的镯子，皆源于北京自古以来就是天子脚下，权贵豪富极多；更因为北京是华北和西北的消费中心，就近的北方资源性城市、经济发达城市的富豪新贵又多在此消费，促使北京近300年来，一直是高端翡翠的百宝箱。

二 最为挑剔的"客人"——上海

上海不同于北京，它并非是长三角翡翠的集散地，因为在经济上有南京和杭州的分散，在文化上南京和苏杭又与其迥异。而在翡翠消费上，苏州是白玉雕刻之乡，杭州自古文化多与白玉有关，虽然目前翡翠消费也是重头，但是在那里翡翠商家极多，消费者类型也非常多元化；而南京则有"传世玉"的后人云南马家的"通灵珠宝"，因此南京的消费者多在本地消费。如此一来，上海就成了一座独具特色的翡翠消费之都。

上海的翡翠消费开始极早，在清末民初，十里洋场就是奢侈品的圣地，时尚的小姐先生们以拥有一件玉器为荣。

上海城隍珠宝董事长赵德华从事珠宝行业20余年，最能够代表老一辈上海人。在采访中，他略沉思一下，笑颜答道："珠宝原则上是身份的象征。从清末以来，上海的经济一直处于全国前列，这里集中了全国各地的资本家、大亨和政商魁首。除了1966年至1976年，这里的派对、宴会几乎天天上演。这些人要展示身份，除了衣服，就是珠宝了。参加高档的聚会，没有戴珠宝的话既失了身份也是对邀请者的不礼貌。所以上海人爱珠宝，从骨子里面就爱。他们有个传统——只要有钱就花在珠宝上，在珠宝零售上，这里一直是全国消费的大户。"

但上海人带翡翠却有自己的特色。佳达国际珠宝驻上海分部的董事朱祖杰也是土生土长的上海人，他对记者说："老上海名媛确实很有一种特别的、很雅的味道，可以看得出她们是知识女性、大家闺秀，爱打扮，但是要有格调，不能披金戴银的像少数民族一样，上海人不是这样的风格。名媛的故事中，比如说宋氏姐妹她们都喜欢翡翠，宋美龄就特别喜欢翡翠。她长期有住在上海，90岁的以后她出场左手右手都是满绿手镯、珠链这些；还有她喜欢红珊瑚，中国红她是特别钟情的。其他的上海名媛像一些电影明星，早期都有佩戴一些珠宝。"

因此，有上海的翡翠商家说："这里是全国最难做的翡翠市场，这里也是全国最好做的翡翠市场。难做是因为上海人极为挑剔，不但石头的质量要高，多大多小都要没有瑕疵，而且性价比也要好，在这边你就不要盘算卖上北京的高价了，上海人极为精打细算。除此之外，在上海你销售翡翠还要注意圈子，有的圈子极其西化，喜欢国外的奢侈品，因此他们购买翡翠也是非常偶然，又多以镶嵌为主；有些传统的'老克勒'的群体，他们则喜欢满绿的；新派国学风则喜欢非常具有传统文化气息的雕件。这是一个极为挑剔的市场，但任何事情都有两面性，上海在难做的同时也有好做的一面，那就是这个市场基本不受经济危机的影响，经济好的时候，翡翠销售也不会过热；经济冷的时候，只要你维护好老顾客，这里也不会过冷。"

赵德华一直看好上海的翡翠市场，他说："上海人爱珠宝不是一天两天的，而是深入骨子里面的。上个世纪八九十年代不富裕，我们给太太买个婚戒，能买一个二三十分的钻戒和一个翡翠的戒指算不错啦。等生活好了，我们会换一个成色好一点的翡翠。现在就不同了，人们有钱了，一结婚就买好的。你看上海1800万人口，很多家都在买珠宝，市场也比较热闹，这说明市民购买能力很强，现在的人拿几十万买一块翡翠，太正常了！现在我们公司最好销的就是十几万到三十几万这一档，因为这一档规格的翡翠种也有，色也带了一点，所以能体现出它的灵性。所以这一档的翡翠在市场上是最好销的，对戒指现在没有几万元大家都感觉不过瘾了。

无色翡翠：质地——较粗
质地较致密，肉眼易见矿物颗粒，粒径大小不均匀。

三 翡翠的天然卖场——云南

有人说："云南就是翡翠天然卖场，无论多贵的货、多便宜的货在云南都能够卖出去。"的确，很多去云南旅游的朋友总会带一件或几件翡翠制品回来，有些翡翠制品带回来之后发现自己戴着不合适，送人也不合适，会随手丢在柜子里，但就是这样下次去云南旅游依然会带回来几件。

云南是中国旅游大省，以山水旅游为经济项目。青山绿水、余音绕梁的山歌、各色经典土特产之中，什么才最能体现云南呢？那就非翡翠莫属了。

因为地缘关系，云南距翡翠产地缅北密支那最为接近，因此自古以来便是翡翠毛料的集散地。至今为止很多国人依然认为翡翠是云南的特产。中国翡翠网的总经理杨剑曾说："来云南旅游回去带什么？除了山水影像，就是翡翠了。云南食材以菌类出名，却不是人人爱吃；礼品早年云烟最为出名，但不是人人都爱吸烟，而且吸烟有害健康；那么最方便携带和最受人欢迎的便是云宝，云宝中最为出名的便是翡翠了，中国人几乎没有不喜欢玉器的，送人玉器寓意吉祥保平安，自然是最好的旅游礼品了。"

云南最为出名的翡翠城有三座，第一非腾冲莫属，这里是翡翠第二故乡，至今也有很多人为了购买翡翠特意坐飞机到那里购买自己心仪的物件。

瑞丽姐告玉城原石商

漫步腾冲街头，你会看到街街有玉、巷巷有玉，买玉的卖玉的熙来攘往。那摊板上、橱窗里，玉环、玉镯、玉佛、玉瓶、玉挂锁、玉鸡心、玉雕鸟兽虫鱼、玉花、玉草琳琅满目，红玉、白玉、紫玉、青玉、黛玉、黄玉、蓝玉争奇斗艳，令人眼花缭乱。往往有七八岁的鼻涕童三五个将你围住，从衣袋里掏出小把小把沾满泥土的翡翠碎片和闪光的玉镯让你"买玉石"、"买手镯！"

常常见七八十岁的白发老翁端坐街边，面前堆着大堆小堆翡翠块块片片；一座座玉山七彩生辉。前来买玉的人，从玉堆里捡一片在手，"呸"的一声，往玉片上唾一泡唾沫，然后用指头抹三下两下，然后在玉片上打起眼罩，眯着眼，对着阳光翻来覆去瞅，然后讨价还价。

造新屋挖地基捡到的翡翠可以再造几间新屋，种菜老农在锄头起落之间的偶然发现，使他摇身一变就成为大款……这些，早已不是天方夜谭。不知是前人不识货还是故意安排，后人穷困潦倒拆房子卖围墙，往往"磕头碰着天"，发掘出翡翠基石。

第二个便是近20年来兴起的"东方珠宝城"瑞丽。瑞丽在改革开放之后拥有得天独厚的机遇，这里既有对外开放的边境海关，又有贸易免税区。改革开放之后，第一批来到中国的缅甸人就是在这里发展，形成了以东南亚人口为主的姐告玉城、台丽街。在这里，很多操着中文夹杂着缅语的"嘎啦"与中国玉商就石头的好坏讨价还价。

还经常有一些缅甸人骑着摩托过了界河，到某家商铺前面，打开车座拎出来一个塑料袋，随手撕开里面的报纸，让老板看看货。这些石头都没有经过公盘，是走私过来的，个头一般不大，但质量却是极好的，一般都在几万到几百万之间，也有些上千万。

在姐告玉城之中，一截一米二的柜台上，就有可能摆满上千万的货品，独特地理环境形成了姐告这个东方淘宝市场。

第三个就是以毛料为主的盈江市场。盈江靠近缅甸边境，又与腾密公路相连，因此大多数缅甸玉商喜欢盘踞于此。因盈江货品主要是翡翠毛料，所以到盈江的买货人多为行内人。

盈江玉石公盘

注：嘎啦，对缅甸人的称呼，主要指在中国边境从事翡翠原石交易的缅甸人，他们多为缅甸人与南亚印度、巴基斯坦人的混血，信奉伊斯兰教。

第七节

【教你看会翡翠店的"小忽悠"】

老话儿说："外行看热闹，内行看门道。"要买翡翠，就要先弄清其中的门道。我们大多数消费者一般是不会去翡翠生产基地购买的，因为一是不懂行怕假货，二是这些地方为了保护自己的大客户、批发商，叫起来的价格比终端市场还要高，不懂行的人很难还到合适的价格。但是中国人自古爱玉，又常存捡漏心理，那么我们怎么才能在终端市场买到自己心仪的物件，又不被人"蒙"呢？

最近，一位旅游行业的朋友从云南回来，兴冲冲地带着一只手镯来会所，让我帮忙掌一眼。我问其价格，她答曰："3万。"

"看这个种水，你买得有点贵了，懂行的2万就能拿到。你在哪家买的？"她随口报出了店名。

"呵呵，你也是旅游行业的老江湖了，怎么还被雁啄了眼？明知道他家主营旅游产品，又是品牌，价格难免虚高。"

虽然我报了实价，但她依然很开心："的确，早知道。但你也知道云南那些店，装修都是一个样子，就他家看着时尚。我一进门，服务人员特热情，了解了几句便说了我的家乡话，既然是老乡，什么顾虑都消除了。再说，他一看我懂点，就没有带我去初级旅游产品的柜台，说什么都要让我感受一下上档次的翡翠。一边给我试戴，一边给我讲解，因为是老乡说给个3.5折。呵呵，我也知道折扣虚，但还是很开心，直到现在我都觉得这件东西跟我有缘。"

的确，翡翠标准复杂混乱，市场干扰因素众多。怎样才能识破翡翠商的"小忽悠"呢？

一 翡翠店都有哪几种类型？

翡翠商细分有很多种形式，粗分无非三种：行商、电商和坐商。行商一般是走高端货，她们一个LV的包包里面通常装两三个亿的货，目标客户非富即贵。电商刚刚兴起，因为网络诚信问题，顾客也很少选择。老百姓最常接触的是坐商，而且是终端坐商。

终端坐商一般分为四种类型：大商场里面的柜台、批发市场、翡翠一条街、酒好不怕巷子深的会所和古玩店。

▶ 大商场里面的柜台 >>>>>>

大商场里面的柜台，基本是品牌货，货品保真度高，但价格没商量。因为他们不仅要遵守商场管理的折扣规定，还要考虑品牌价值、管理运营费用、租金等等，因此，价格虽有折扣，但没有捡漏的可能。

▶ 批发市场 >>>>>>

批发市场则是鱼龙混杂，A、B、C、B＋C、D货俱全，普通顾客很难辨别真假，随着做假技术提高，就算内行也有可能打眼。一般顾客喜欢买翠色物品，有人一进潘家园就问："老板有绿色的吗？"老板往往拿出一串绿色镯子让顾客挑选，价格非常便宜，卖四五千元。而行内花青种满绿的手镯，开价也在300万以上。

▶ 翡翠一条街 >>>>>

随着翡翠热度增高，许多一线、二线城市出现了翡翠一条街。但其货品品质，因各家老板对翡翠掌握参差不齐而良莠不一，但是这些店基本一个原则——亲切地宰你没商量。因为他们进货量小、成本高，翡翠又是慢销品，因此，他们至少需要翻5倍的价，才能赚回成本。

▶ 会所和古玩店 >>>>>

会所与古玩城中的店家，目标顾客是圈子玩家，他们重在中高端货，"半年不开张，开张吃半年"，非普通顾客光顾的地方。

【二】 买翡翠新老店家混着看

很多对翡翠不了解的顾客，喜欢进新店，认为刚开店有折扣，可以买到便宜货。是不是这样呢？

未必，因为翡翠涨价是从源头就开始的。顶级翡翠原料，在2011年上半年暴涨了100%～200%。而翡翠税收从缅甸源头算起大约涨150%，行业周转率极慢，如果拥有全产业链的商家，不开出12倍以上的价格，几乎难以回本。所以新货贵实属常态。

而一些老店，因为原来存货成本不高，有时疏忽调价，反而会低于新店。北京有家经营十几年的老翡翠店，突然来了很多广东客人，一买就是上千万。为什么突然有这么一笔大买卖呢？因为源头涨价，广东翡翠生产基地出现"面粉价高于面包价，他们干脆采购陈年老"面包"了。

翡翠行内有句话叫："多看少买，看准了再买"。翡翠的定价一方面受市场影响，一方面它是理解定价、心理定价，各家理解不同，加上去的利润也千差万别。初次接触翡翠的消费者，多看多走，说不定真能捡到"漏"。

三 旅游景点莫被"老乡"所迷惑

很多人一去云南就喜欢买翡翠，甚至认为翡翠产自云南，在那里买肯定便宜。如果抱着这种心理，那你就要小心了，因为你已经被"杀手"盯上了。

云南各大旅游景区，售卖翡翠的地方绝对少不了"杀手"的存在。他们可不是一般的销售人员，相貌并不起眼，一脸童叟无欺的样子，让你倍感亲切。说不上三句话，就能知道你是哪里人，之后便跟你用家乡话聊天，三句五句就使你放下了戒心。即使你不买，他也说普及一下翡翠知识，免得以后上当。你一听，便认为这个人很负责，而实际上你已经上了他的"道"。他让你去感受一下翡翠的感觉，最后只能出现一种情况：你乖乖地带着这件物品，高高兴兴地离开了。

文节开头的那位朋友就是这么被"忽悠"的。翡翠并非出自云南，世界上首饰级翡翠95%都来自缅甸雾露河流域，中国市面上基本都是缅甸翡翠，而且翡翠加工地基本在广东揭阳、平洲、四会。而云南市场上有六七成的产品都是来自广东。因此，它仅是最大中低端翡翠的销售市场，价格未必便宜。

云南某旅游景点的翡翠老板曾透漏："景点的翡翠一般加价到成本的二三十倍，否则没得赚，因为旅行社、导游、中介、市场管理的层层盘剥就占了利润的9成，100元他们拿走90元，我不加价赚不到钱。"

四 灯下观玉高三分

无论店内光线如何，翡翠店永远像不要电费一样开着所有的灯——上面有顶灯，壁挂LED射灯，柜台里面还有小射灯，甚至还有看货灯，而且有偏黄的灯，有偏白的灯。这是为什么呢？

行内有两句话："灯下不相玉"、"月下美人灯下玉"。也就是说，翡翠在灯光之下会变美，容易骗过人的眼睛。很多店里面用高亮度的LED灯，目的是增加翡翠的光泽和润度，而且根据种水和

玉楼天半起笙歌，风送宫嫔笑语和。

月殿影开闻夜漏，水晶帘卷近秋河。

——唐 顾况

颜色的不同，调节光的暖冷色调。偏暖容易显色好，绿色翡翠柜台一般用偏黄的射灯，可以让绿色翡翠看起来更加浓艳；偏冷容易显种水好，无色翡翠柜台一般用偏白的灯光，可以让其看起来更加通透，荧光效果好。

【五】翡翠柜台衬底为何非黑即白？

最初我装饰会所的时候，柜台底衬全部选择黑色的道具，但一位资深的翡翠商朋友建议一条柜台全部装成白色。

原因何在？

她答曰："黑色显翡翠高贵，不与翡翠抢色，的确是首选，但需要考虑翡翠中的墨翠和带绵的翡翠。墨翠跟白色相衬，可以更显其钢性好，抛光的地方更显荧光好。而带白绵的翡翠，特别是无色带绵翡翠，放在白色衬底上，绵就看不出来了，容易显高其成色，卖上好价钱。"

【六】翠裂真不影响价值吗？

"十翠九裂"，翡翠特性是硬度高、脆性大。顾客见裂存疑时，商家常说："翠裂实属正常，证明是天然A货，不影响价值。"而实际裂绺大小以及多少对翡翠影响很大。无论是原石还是成品，有无明显裂绺差价可以大至10倍到数百倍。如果翡翠镯子上的裂为横列，价格是同等质量无裂镯子的一半到6成；如果是纵列，价格仅剩同等质量玉镯的一两成。

腾冲修补好的段家玉翡翠镯

翡翠件的评价与创作 Pingjia yu Chuangzuo

七 "低折扣"做的是定价艺术

闯过了前几关的朋友，往往容易在付钱的时候被折扣打了眼。一位朋友曾对我说：某个翡翠专卖场，高端翡翠均是3折或3.5折，很便宜。

这么低的折扣，店家还有得赚吗？这些店一般是卖中端货或者特色货，这些货在批发市场你见不到，你又不愿意进商场或者会所买，抱着捡漏的心理到这搜罗。而商家早已摸透了你的心理，于是就高定价、低折扣。看似10万的产品你只花了3万，而实际它只值3万，甚至不到。

八 网上未必便宜

翡翠不是服装鞋帽，不会因为网购就便宜。店面人员成本可以计算，而这在翡翠成本中只是九牛一毛。翡翠成本重在原料和压资金，因此越高端的翡翠，在线上和线下越没有差别。还有一点，现在PS的技术太高了，网上的"神仙照"（成色超过实物好几倍）越来越多。即使有些货品是在自然光下拍摄，又放了一些对比物，但由于角度不同，那些对比物往往会成为美化作品的帮凶。

新妆宜面下朱楼，深锁春光一院愁。

行到中庭数花朵，蜻蜓飞上玉搔头。

——唐 刘禹锡

第八节

【翡翠的欣赏、收藏与保养】

翡翠件的

评价与创作

Pingjia yu Chuangzuo

揭阳阳美翡翠旗舰店
高冰满色观音大挂件

一 翡翠的欣赏

"玉乃石之美者，好翡翠自己会说话。"一位翡翠的老玩家如是说。翡翠之所以令人着迷，是因为它是大自然对人类的恩赐，自然通过自己的妙手，经过几千万年乃至上亿年雕琢幻化才产生了令人心动不止的美丽的石头。

那么我们怎样来欣赏一块翡翠的精美呢？

翡翠文化是中国儒释道三家文化的最佳结合。它讲究中庸与平衡，水、种、色、底、工、裂要逐一观察，无裂当然是必要条件，但是其他几个条件不够仍不是好翡翠。而其他几个元素，我们首先注意什么呢？行内有句话："北方好色，南方好种，但是行家好色更好种。"

▶ 翡翠的种 ＞＞＞＞＞

翡翠的种是第一位的。种是指翡翠矿物晶体颗粒的大小以及颗粒之间的结构是否致密。晶体颗粒越小、结构越紧密，种越好。而俗话中所提到的种，还兼有水的特色，就是透明度，种好不一定透明；水好不一定颗粒小，如果两者都达到很高的程度就是稀世珍品。

所以，看种不但要看种是否细腻，颗粒是否达到了隐晶，颗粒是否紧密到起荧（晶体有序排列）、起胶（晶体无序排列）的

效果，水头是否达到三分以上（自然光下透度9毫米以上）。

　　水乃是翡翠生命之源，为翡翠品鉴的核心。好翡翠不能缺水，甚至说顶级宝石都不能缺水。因此，无论翡翠是绿、是紫，还是黄，抑或是无色，只要是水头好，它必然抢眼。《道德经》有云："上善若水，水利万物而不争。"翡翠的水，更是翡翠的德，神韵光彩却不张扬。

▶ 翡翠的颜色 >>>>>>

　　第二，需要看色。色的评价标准为浓阳正俏和：浓即翡翠要深绿但不能黑，阳即颜色艳丽不能暗哑，正即颜色纯正不能偏黄偏蓝偏灰，俏即绿色晶莹剔透不能老，和即颜色要均匀。

玉雕大师王俊懿的天工奖作品：仙螺王

▶ 翡翠的工 ▷▷▷▷▷

第三要看翡翠的工，而工首先要看的是题材。翡翠是自然的杰作，因此它天生并不完美，这就需要一双发现美的眼睛，以及一个赋予翡翠精美而有意境的图案，使其从艺术上获得升华。

而好的雕工谨守一个"俭"字，即我们通常所说的"好玉不雕"。其实并不是完全不雕，而是翡翠原石内部早已注定它以什么形态呈现了，所以任何雕工不过是以最佳的形式呈现它的天生丽质。

▶ 翡翠的型 ▷▷▷▷▷

第四注重翡翠的型。首先作品的型一定要符合黄金分割点，因为人类的眼睛天生就有辨别美丑的功能，之所以好翡翠会说话，就是看它顺眼不顺眼、耐看不耐看。过分夸张的艺术手法不适合翡翠玉雕这一古老的艺术形式。其次，翡翠作品爱肥厌瘦，收藏级翡翠毕竟是奢侈品，因此它需要一份端庄、圆润、沉甸甸的感觉。

【二】 翡翠的收藏

翡翠收藏历来被看作富人的游戏，中低端翡翠消费才是百姓话题。其实未必，随着中国人经济条件不断改善，翡翠收藏已从"旧时王谢堂前燕"，到"飞入寻常百姓家"。而在这一过程中，翡翠消费的多元化、个性化已经在悄然改变翡翠市场成品的销售变化。

首先，我们要明确何谓翡翠收藏，翡翠收藏分为哪几类，什么样的翡翠才具有收藏价值。只是单纯地购买翡翠自己佩戴并不是翡翠收藏，翡翠历来被人看作是保值、升值的好东西。但是并非所有翡翠都具有升值的空间，市面上的翡翠多以消费级翡翠为主，不具有收藏价值；而具有收藏价值的翡翠并非都是满色满种水长的翡翠，也有一些极具特色的物品，因其艺术价值较高，成为被人竞相抢购的珍品。以云南玉雕大师杨树明的《风雪夜归人》而言，料子不过百余元，但最后因其题材和工艺，售价至百万有余。而翡翠玉雕大师王俊懿、王小哲等人的玉雕作品更是奇货可居，引新贵权富竞相抢购，但他们的绝大多数作品属于其个人或合伙人的藏品，一般人只能望之兴叹，并不能据之己有。

从翡翠本身而言，翡翠收藏一是收藏翡翠的天然、稀少、高端翠料的价值；一个是收藏俏色玉雕寓意悠长的艺术价值；一个是收藏稀有题材的文化价值；当然这里面也有玉雕出自谁手、曾有何人用过的名人价值。在这里我们简单介绍三种：

▶ 高端翡翠收藏 >>>>>

这类收藏是达官贵人的游戏。古语有云："万石一玉，万玉一翠。"每年进入中国的翡翠原石以万吨来计算，但是最顶尖的翡翠原石不过是万分之一，遇到顶尖玉石很多玉商都未必愿意出手。2012年11月揭阳珠宝玉器商会在中国国家博物馆做翡翠玉雕展，一块圆形直径达10厘米以上、厚四五厘米的老坑玻璃种黄秧绿的镯料标价虽然是15亿元，但商家坦言："自己收藏，不会出手，标价只不过是给参观者一个印象，如此毫无瑕疵的东西已经找不到第二件了，因此不打算做成成品。"

高端翡翠收藏动辄几百万，甚至上千万乃至上亿元。2011年年底翡翠市场拍出一块老坑玻璃种的平安无事牌，最终价格到了1.05亿元人民币。它出自云南一位商家，这位翡翠商家专以经营"大户人家的压箱底"而著称，他坦言"好东西不容易找，早年间他卖出去的好东西，买家要出手，他一般会以比当年高出一些的价格来回收，因为有很多下家想要呢。"

因此，高端翡翠收藏，首先要看材料——好种、满色、水头长（即透明度极高），形状饱满，雕工精美，俏色别出心裁，题材好。好蛋面是第一位的，因为蛋面为"翠之眼"；其次是镯子，用料大，对料子要求高，要无裂无绺无瑕疵；然后是以怀古、无事牌为主的光身件，以及佛公、观音、竹节等，这些物件秉承"好玉不琢"，一般能够最大限度地显现翡翠材质。

云想衣裳花想容，春风拂槛露华浓。
若非群玉山头见，会向瑶台月下逢。

——唐 李白

本书从搞活翡翠市场，让收藏家保持对翡翠件的信心和保证其资金调动的灵活性出发，对收藏级翡翠的卖方提出下列建议：收藏级翡翠属于高档、稀缺奢侈品，如果消费者购买半年以上，货品保存完好，而且单证齐全，买家一旦有资金需要，卖家应该能够原价回收；如果消费者购买一年以上，货品保存完好，而且单证齐全，卖家能够按照原价，并比照银行的同期利率付息回收。这样真正体现了翡翠件的保值、增值功能，也反映了卖方的信誉和实力。其实，讲信誉、有实力的企业是不难做到这一点的，这样做的结果，不仅可以取得直接的经济利益，而且还会产生很多间接的、意想不到的收益。

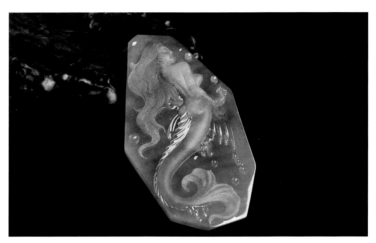

黄翡俏色美人鱼（图片由翡翠王朝提供）

▶ 小品类收藏 ＞＞＞＞＞

何谓"小品类翡翠"？

"小品"意为小的艺术品。小品类翡翠是指那些价格不高、性价比相对合理、原料相对普通，具有独特艺术价值的翡翠商品。随着玉石文化的回归与普及、消费者对翡翠的热爱以及消费能力提升，这类翡翠必然成为市场上的主力军。2011年8月《首都经济报道》记者深入翡翠市场调研，发现两年间小品类翡翠升值2倍，销售通道畅达。虽然今年翡翠市场销售状况不被行家看好，但小品类翡翠出手依然不难，成为礼品往来的焦点。

小品类翡翠也有升值空间。万珺曾说："并非所有翡翠都能升值。高档翡翠虽然升值空间很大，但并不是人人买得起。这时我们若收藏翡翠可以走另一条路，选择翡翠中的小品。它的原料并不贵，但是它的工艺很独特，买它的工。翡翠的加工费上涨幅度也非常快，所以我们购买这些翡翠的小品，未来也有很好的升值空间。另一方面，小品价格不贵，未来即使出手也相当容易。比如一件红翡龙，它的颜色很红，红翡是翡翠的外皮，由于氧化以后变成红色，雕成一个龙，原料不贵，但工艺很巧妙，现在它的价钱是几万块钱，但是未来它还是有很大升值潜力的。回顾我们以前卖过的一件黄翡关公摆件，当时卖两万多，到现在要卖几十万。所以在翡翠大幅涨价的情势下，选择小品是一个方向。"

小品类翡翠收藏一定要注重其艺术性。华辰拍卖师梅立岗在解释小品类翡翠拍卖的时候说："并不是所有的翡翠都适合被拍卖，只有具备相当的艺术价值的产品才能在艺术品拍卖中彰显其经济价值。"

人们购买翡翠的第一决定因素就是视觉因素。小品类市场主要以小挂件和手把件为主，符合消费者对翡翠的消费观念。虽然手镯也很受消费者欢迎，但因为受限过多，所以绝大多数对小品件进行消费的人，更看重精致适于佩戴的产品。

名人类收藏 >>>>>

名人类收藏主要分为两种：一种是名人收藏过的翡翠物品，一种是名师雕刻的翡翠物件。目前，这两种收藏在翡翠市场上的认知度不高。

第一是翡翠历史较短，名人用过的物件也未必能达到人们所认知的古董级别，因此很多人看老翡翠，依然是重视色与雕工。

第二是翡翠名师多为现代玉雕师，特别是以上世纪90年代出道的为主，加之最近几年各种玉雕比赛频繁，质量又不高，因此在翡翠方面能够称为现代玉雕大师的人凤毛麟角，而且其作品价格极高，非一般玩家能够玩得起，因此与其追逐名师作品，大家更倾向自己有一双欣赏美的眼睛。

【三】 翡翠的保养

现在很多媒体都开始关注翡翠，但是并非所有媒体都懂翡翠。曾有媒体报道："翡翠佩戴三年，A货变B货。"因此，有些人对戴翡翠有些顾虑，几万几十万买过来，会不会产生这样的结果呢？其实这方面大家倒不用担心，翡翠是在极为苛刻的自然条件下形成，如果没有极强的外力作用，成千上万年也不会由A货变B货，但翡翠保养不当是会影响它的价值的。

翡翠虽然是石头，但其中含有一定量的水分，翡翠制品在加工的最后一道工序中，会进行浸蜡抛光处理，让其表面附着一层蜡质物质，可以保持翡翠内部具有一定的水分，掩盖翡翠表面的一些微细裂纹，也增加了翡翠的透明度。但翡翠制品如果长期保养不当，会导致翡翠内部一些渗透出的水分、浸蜡和油脂等挥发，翡翠的裂隙逐渐显露出来，透明度也就相对降低了。怎样才能妥善保养翡翠呢？

第一	翡翠忌磕碰，虽然翡翠硬度很高，但是其脆性很大。大力的磕碰会产生裂纹甚至断裂，因此有句话说："佩戴翡翠的女人更优雅，佩戴翡翠的男人更温和。"
第二	翡翠不宜长期放置在干燥、日晒或光线强烈的环境中，因为长期干燥环境容易让翡翠失水，失去原有的莹润。我们常见翡翠柜台中有水杯就是在保持翡翠水分
第三	避免高温环境，例如桑拿时要取下翡翠饰品。因为翡翠是复合多晶体矿物，受热之后各种分子膨胀率不一样，久而久之会产生隐形裂纹，影响价值
第四	翡翠制品如果长时间不戴，应该放置封闭湿润的环境之中，也可以放在清水中；或是用清水浸泡几个小时，取出后轻抹一层橄榄油用白棉布擦至光亮，放在密封袋中
第五	要定时清洁翡翠。虽然任何玉石都会与人体接触后，在人体油脂和汗液的混合作用下，越来越莹润，但是汗液中有盐分，因此长时间佩戴不进行清洗也会对玉器有损伤。可以佩戴一段时间用清水浸泡几个小时，用毛刷轻刷一下污垢杂质。如果翡翠有磨损，可以融化一些石蜡浸泡几分钟，取出用干净的毛巾擦至光亮如初

与其他品种的宝石首饰相比，翡翠并不十分娇贵，但仍需我们细心呵护

识别

翡翠件的

Feicuijian De Shibie

贰

【第二章】

Di Er Zhang

第一节

【翡翠的矿物组成】

翡翠件
的
评价与创作
Pingjia yu Chuangzuo

金风玉露一相逢，便胜却人间无数。

——宋 秦观

根据翡翠分级国家标准，翡翠应定义为：主要由硬玉或由硬玉及其他钠质、钠钙质辉石（绿辉石，钠铬辉石）组成的，具工艺价值的矿物集合体，可含少量角闪石、长石、铬铁矿等矿物。

一 硬玉

硬玉化学分子式为$NaAlSi_2O_6$，可含有Ca、Mg、Fe、Cr和Mn等多种杂质元素，如Ca_2^+替代Na^+，Mg^{2+}、Fe^{2+}、Fe^{3+}、Cr^{3+}替代Al^{3+}等。

翡翠中的杂质元素是导致其颜色有多种变化的主要因素，其中Cr最为重要，其含量变化直接影响翡翠颜色的色调和明暗程度。Cr^{3+}替代硬玉中Al^{3+}，使硬玉呈现翠绿色。当Cr_2O_3含量低于1%时，硬玉呈透明的绿色；含量在0.4%～0.7%时，形成优质的翠绿色翡翠；含量高于1%时，呈翠绿色，而透明度一般会降低，即通常所说"水头较差"，如铁龙生种。Fe以Fe^{3+}替代Al^{3+}，产生灰绿色，如油青种；以Fe^{2+}进入晶格产生蓝绿色。一般认为硬玉中存在微量的Mn元素时，在其他含量较低的杂质元素作用下会产生紫色，即紫罗兰种。也有些学者认为是Fe^{2+}和Fe^{3+}共存进入硬玉晶格中，呈现粉紫色或蓝紫色[2]。而Ca、Mg两种元素含量较高时，硬玉的颜色则变暗。

二　绿辉石

绿辉石是组成翡翠的次要矿物，但特殊情况下会转变为主要矿物成为墨翠。它的化学式是（Ca，Na）（Mg，Fe^{2+}，Fe^{3+}，Al）Si_2O_6，呈绿色、绿褐色、暗绿至黑色，是硬玉和透辉石的过渡矿物，Na/（Ca+Na）和Al/（Fe^{3+}+Al）化学成分比例具体见表2-1。

当Cr含量较高时，绿辉石以翠绿色纤维状、细脉状分布在翡翠中；当不含Cr元素时，绿辉石以灰绿色脉状或团块状分布在白色翡翠中，即飘兰花种。

表2-1　翡翠主要组成矿物成分特征

	硬玉	透辉石	绿辉石	霓辉石
Na/（Ca+Na）	>0.8	<0.2	0.2~0.8	/
Al/（Fe3++Al）	/	/	>0.5	<0.5

三　钠铬辉石

钠铬辉石的化学成分是$NaCrSi_2O_6$，常有微量的Ca、Mg、Fe、Al等杂质元素，与硬玉的化学成分$NaAlSi_2O_6$类质同象。由钠铬辉石为主要矿物组成的钠铬辉石岩，称为"干青"（见图2-1-1）。在翡翠中，钠铬辉石以黑色小粒状内含物存在或是硬玉的黑绿色共生物，不透明。

图2-1-1干清种翡翠

四 角闪石

角闪石呈暗色矿物出现在翡翠中。角闪石在翡翠表面常呈现大小不同、形状各异的黑色、褐黑色或灰色，俗称"癣"。

五 钠长石

钠长石化学成分是$Na(AlSi_3O_8)$，纯净时无色或白色，与硬玉矿物共生，一般出现在翡翠矿床的边缘，含量不高，可提高翡翠的透明度。钠长石含量达到85%～95%，并含有少量硬玉、绿辉石等，成为新品种"水沫子"（见图2-1-2）。

图2-1-2钠长石手镯

洛阳亲友如相问，一片冰心在玉壶。

——唐 王昌龄

第二节

【翡翠的种类】

翡翠件的评价与创作
Pingjia yu Chuangzuo

　　翡翠有多少种？许多人喜欢问这个问题。有一位翡翠前辈说：人有多少种，翡翠就有多少种。有的行家认为翡翠有两种：一种是新坑种，一种是老坑种。如果这样说又太笼统。老坑种是指那些颜色符合"正、浓、阳、匀"的翡翠，即颜色分布均匀而鲜艳、浓度高、质地细腻的高品质翡翠。老坑玻璃种翡翠可以说是最高档翡翠的总称。新坑种是指那些质量和品质相对差一些、颜色饱和度低的翡翠。

　　翡翠的种其实是对翡翠品质和类别的综合评价。

　　影响翡翠品质的因素很多，主要有颜色、质地、透明度、结构、裂隙和大小等，其中颜色、质地、透明度是最主要、最本质的因素。颜色指翡翠颜色的色彩、饱和度、鲜艳明亮程度和均匀程度。质地是组成矿物颗粒的大小及粒度的粗、中、细，主要有玻璃地、冰地、藕粉地、豆地、瓷地等。透明度指翡翠透过光的能力，业内称之为"水头"，水头长、水

头足则透明度高；水头短、水头差则透明度低。在翡翠商贸中，质地和透明度总称为种或种分，即翡翠结构疏密、细腻程度与透明度高低的综合效果。

本书从翡翠"种"、"色"角度出发，将影响翡翠质量的因素进行归纳总结，划分为：玻璃种、金丝种、冰种、糯种、花青种、油青种、豆种、白地青种、芙蓉种、飘兰花种、干青种、马牙种、紫罗兰种、墨翠、红翡、黄翡、福禄寿、三彩（双彩）等。

玻璃种

玻璃种是翡翠品种中最优质的，大多像玻璃一样透，结构细腻，净度高。用显微镜可以看到它里面结晶呈显微粒状，粒度均匀一致，晶粒肉眼不可见。硬玉质纯无杂质，质地细腻，无裂绺棉纹，敲击玉体音呈金属脆声，玻璃光泽，玉体形貌观感似玻璃[9]，见图2-2-1。玻璃种的名称与颜色并无直接关系，很多翡翠爱好者认为玻璃种是无色或很淡底色的品种，但若绿色达到正、浓、阳、匀，质地清澈透明，即被称为"玻璃种满绿"。

图2-2-1玻璃种翡翠戒指

图2-2-2 金丝种翡翠挂件

图2-2-3 冰种弥勒佛

二　金丝种

　　金丝种结晶呈微细柱状，纤维状(变晶)集合体，晶粒肉眼能辨但不清晰，呈透明—半透明，质地比较细腻，具一定透明度，绺裂棉纹少。最大特点是颜色呈平行丝带状分布，色带颜色较深，以阳绿色为最佳，见图2-2-2。金丝种颜色条带分布稠密、顺畅，颜色绿，价值则高；颜色条带分布稀疏、断断续续，颜色一般，价值则低。

三　冰种

　　冰种是比玻璃种稍次的品种，感觉似冰块或冰糖。结构呈显微粒状，粒度均匀一致，晶粒肉眼可辨。硬玉质纯无杂质，质地细腻，透明至半透明，颜色大多数为无色、白色或者近于白色，见图2-2-3。还有一些翡翠是以冰地为主，含有一些蓝花、绿花或者紫罗兰色，称为"冰种飘兰花"等，是以质地加色来命名的。

四 糯种

糯种的命名与玻璃种和冰种相似，指翡翠的质地像煮熟的糯米，介于清澈与浑浊之间。糯种翡翠产量较多，结构致密，质地细腻，呈半透明至微透明，见图2-2-4。

图2-2-4 糯种翡翠

五 花青种

花青种最大特点是颜色以绿色为主，色形分布没有规律性，也不均匀，呈"花布"形，即绿色呈丝状、脉状、团块状和不规则状，见图2-2-5。质地透明至不透明，依质地类型，花青种可分冰地花青、糯地花青（或水粉地花青）。花青种的翡翠由于略带底色，多加工成佩饰、坠饰或雕件。

图2-2-5 花青种挂牌

【六】 油青种

油青种的质地与颜色像其名字一样，是"油"与"青"的结合，虽然其质地细腻，透明度较好，一般为半透明，但颜色发青（常称为底色），原因是翡翠硬玉中的大部分Al^{3+}被Fe^{3+}替代，颜色呈褐绿色或灰绿色，沉闷而不明快，见图2-2-6。底色分布较均匀，结晶呈微细柱状，纤维(变晶)集合体，有的肉眼尚能辨认晶体轮廓。

图2-2-6 油青种翡翠豆子

图2-2-7 弥勒佛

【七】 豆种

行业内有着"十有九豆"的说法，可见豆种是翡翠最常见的品种，在翡翠市场中占有较大比例。豆种翡翠具粒状结构，质地一般，颗粒比较粗，肉眼易见，类似豆状，透明度偏差，为不透明至微透明，见图2-2-7；颜色以绿色为主，主要有豆绿种、冰豆种、田豆种、油豆种、彩豆种等小品种。

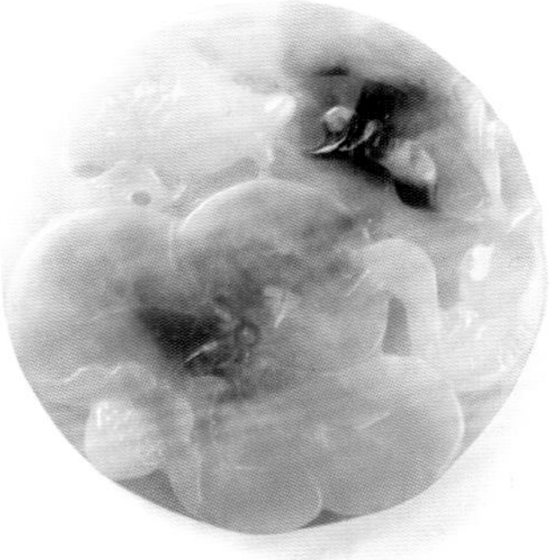

【八】 白地青种

白地青种是翡翠分布较广泛的一种，特点是底色洁白如雪，绿色鲜艳耐看，呈斑状或团块状，分布在白色的底子上，见图2-2-8质地方面，白地青种翡翠质地比较干，最优只能达到瓷地，呈纤维状结构，几乎不透明；绿色从翠绿到黄杨绿都有。

图2-2-8 荷塘玉璧

【九】 芙蓉种

芙蓉种翡翠的颜色为清淡的绿色，呈半透明至亚半透明，质地比较细腻，内部可以感觉到颗粒。芙蓉种突出特点是颗粒的边界呈模糊状，看不到界限，这是由于其颜色较清谈和透明度高引起的，见图2-2-9。芙蓉种翡翠分布绿色条带、色根，不具规律性，被称为花青芙蓉种；若"水头"好，可称为冰地芙蓉种。

图2-2-9 芙蓉种挂牌

【十】 干青种

干青种翡翠的主要组成矿物为钠铬辉石，颜色为深绿色，质地较差，透明度较低，常伴有铬铁矿包体，呈金属光泽，见图2-2-10。传统观念不认为是翡翠，而是钠铬辉石岩。干青种翡翠常采用金属镶嵌工艺，如原料磨薄以K金衬底，衬托颜色之长，避开种水之短[9]。

图2-2-10 干青种翡翠雕件

【十一】 飘兰花种

飘兰花种翡翠多为无色翡翠中分布带状、脉状或团块状灰绿色或蓝灰色色带，质地较细腻，亚透明至半透明，见图2-2-11。色带一般认为是由于绿辉石不含Cr元素造成的，以微晶集合体形式存在，角闪石也可能形成灰绿色色带。

图2-2-11 冰种飘兰花平安扣

【十二】 马牙种

马牙种，顾名思义质地像马的牙齿，与白地青种相似。质地粗糙，玉石中矿物呈白色粒状[10]，不透明，看上去像瓷器一样。马牙种翡翠其颜色也以绿色为最高价值。

图2-2-13 紫罗兰翡翠珠子项链

【十三】紫罗兰种

紫罗兰种翡翠更注重的是其颜色——浅紫色，即紫罗兰色，俗称"春色"，见图2-2-13。紫罗兰种翡翠结构由粗到细，透明度从不透明至亚透明，从而使其种分跨度较大，质地细、水头好、紫色深的为上品。紫罗兰种依色调不同，分为粉紫、茄紫、蓝紫三种色调。

图2-2-14 墨翠关公玉牌

【十四】墨翠

墨翠种翡翠在市场上基本有两种：一种是以绿辉石为主要矿物的翡翠，质地细腻，是传统上的墨翠，见图2-2-14；另一种是以钠铬辉石为主要矿物的翡翠，常伴有金属光泽，传统上称为乌鸡骨种。墨翠的颜色是墨绿色近于黑色，以墨黑为最佳，质地从粗糙到细腻，大部分不透明，极少数半透明，种水跨度比较大。

图2-2-15 红翡国旗挂件

【十五】红翡

红翡的颜色从红褐色到褐红色，是翡翠的次生色，是由于风化作用形成的赤铁矿沿翡翠颗粒之间的缝隙或解理慢慢渗入而成。红翡质地不够细腻，水头不足，但颜色鲜艳、质地较好的属于上品，见图2-2-15。

【十六】 福禄寿

由于翡翠化学成分的变化，在同一块翡翠中会呈现出不同的颜色。如果同时有绿、红、紫(或白)三种颜色，象征着吉祥如意，代表着福禄寿三喜，故称为福禄寿种，见图2-2-16。

图2-2-16 绿红紫三色手把件

【十七】 黄翡

黄翡的颜色成因与红翡一致，属于翡翠的次生色。它是在翡翠形成的后期由于风化作用，使得褐铁矿沿翡翠颗粒之间的缝隙或解理慢慢渗入到翡翠的内部而成。黄翡是褐黄色至黄褐色的翡翠，多为半透明至微透明，见图2-2-17。

图2-2-17 黄翡挂件

【十八】 双彩翡翠

双彩翡翠指在同一块翡翠中同时存在有两种不同的颜色，如白色和绿色、白色和黄色、红色和绿色、绿色和黄色等，见图2-2-18。

图2-2-18 白色和黄色双色戒指

第三节

【翡翠的宝石学性质及特征】

翡翠件的评价与创作 Pingjia yu Chuangzuo

一 化学成分

根据珠宝玉石国家标准，翡翠主要由硬玉及其他钠质、钠钙质辉石（钠铬辉石，绿辉石）组成的、具有工艺价值的矿物集合体，可含少量角闪石、长石、铬铁矿等矿物[11]。据罗莹华，张乐凯（1998）对6个样品进行电子探针测试，分析其化学成分，见表2-3-1。

表2-3-1 电子探针成分分析结果（%）

序号	SiO_2	Al_2O_3	Na_2O	FeO	Cr_2O_3	MnO	MgO	CaO	K_2O	总计
1	59.10	19.78	13.63	3.62	0.01	0.09	1.23	2.09	0.72	100.27
2	59.47	24.87	13.90	0.23	0.13	0.22	0.01	0.19	0.57	99.59
3	56.59	24.89	11.12	0.96	0.04	0.27	0.68	1.24	3.27	99.06
4	59.56	23.85	14.65	0.20	0.02	1.13	0.27	0.38	0.04	99.10
5	57.87	22.61	13.78	0.68	0.08	0.46	1.47	2.43	0.83	100.20
6	59.60	23.41	12.65	0.47	0.90	0.00	1.23	1.57	0.47	100.30

由表2-3-1可知，翡翠化学成分中SiO_2含量在50%以上，其次是Al_2O_3、Na_2O，此外还包括FeO、Cr_2O_3、MnO等成分。

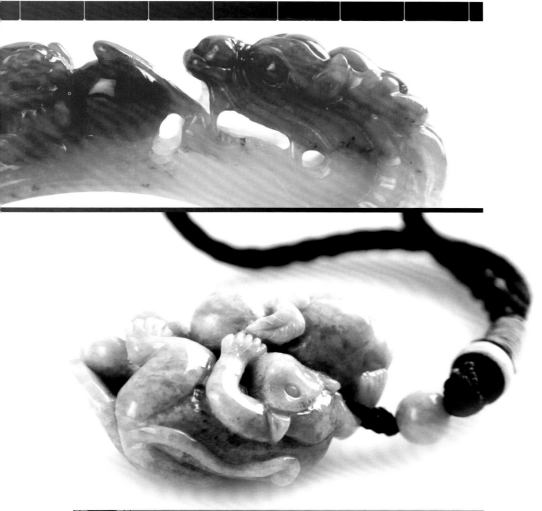

二 结晶习性与结构

　　翡翠是多晶质集合体。其中的组成矿物硬玉、钠铬辉石、绿辉石都为单斜晶系，呈纤维状或粒状集合体。

　　翡翠的特征结构为纤维交织结构和粒状纤维交织结构等。在宝石学中翡翠的结构统称为交织结构。硬玉矿物呈近乎定向排列或交织排列在一起，因此翡翠硬度高、韧性强。此外，翡翠还可出现斑状变晶结构、塑性变形结构、交代结构等。

　　翡翠的结构决定了翡翠的质地、透明度和光泽。一般来讲，翡翠的结构越细腻、越致密，透明度越高、光泽越强，质量也就越好。

翡翠件的评价与创作 Pingjia yu Chuangzuo

三 光学性质

▶ 颜色 ▶▶▶▶▶

翡翠最大的魅力在于变化多端的颜色及其分布特征。翡翠常见的颜色有：各种色调的绿色、无色、白色、藕粉色、紫色、红色、黄色、黑色和灰蓝色等。翡翠颜色取决于矿物的分布特征，因而其颜色往往不均匀。

▶ 光泽及透明度 ▶▶▶▶▶

翡翠的光泽为玻璃至油脂。大多数为半透明至不透明，极少数透明，如玻璃种。翡翠矿物结晶颗粒越细，质地越细腻，透明度则越高，光泽也较强；反之，组成矿物成分种类多，结晶颗粒越粗，质地越粗糙，透明度则越低，光泽也较弱。

▶ 折射率 ▶▶▶▶▶

实测过程中得到的翡翠的平均折射率值约为1.66±。

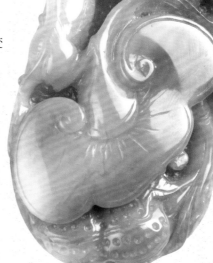

▶ 吸收光谱 ▶▶▶▶▶

翡翠的吸收光谱随着颜色的变化有所不同，437nm吸收线可作为翡翠特征吸收线，用以区别与其相似的其他玉石。翠绿色翡翠由铬致色，表现为3条位于红光区呈阶梯状的铬吸收线，即630nm、660nm和690nm吸收线，其中660nm最为明显。

▶ 紫外荧光 ＞＞＞＞＞

天然翡翠一般无荧光，个别白色翡翠在紫外光下有弱橙色荧光。

四　力学性质

▶ 密度 ＞＞＞＞＞

大多数翡翠的密度在3.33克/厘米^3±。翡翠的密度值随着其中杂质元素的含量变化而变化。

▶ 硬度 ＞＞＞＞＞

由于翡翠化学成分中SiO_2含量较高，因而有较高的硬度，摩氏硬度常在6.5～7之间。

▶ 解理 ＞＞＞＞＞

翡翠具两组完全解理。反射光下可见星点状、片状、针状闪光，即"翠性"，俗称"苍蝇翅"，见图2-3-1。解理的有无是翡翠与其他玉石和仿冒品区别的重要特征之一。

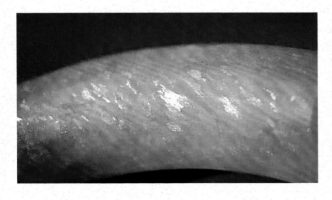

图2-3-1 反射光下观察到的翡翠苍蝇翅
（解理面的反光）

第四节

【翡翠的肉眼鉴定】

知其是玉疑非玉，谓此非真孰为真。

——清乾隆

由于天然翡翠越来越少和大众对翡翠需求的日益增长，使得处理翡翠和相似玉石冒充天然翡翠的现象频频出现，如何鉴定翡翠成为众所关心的问题。翡翠肉眼鉴定方法具有直观、快速、简便的特点，但掌握起来需要一定的实践积累。笔者根据实践经验，并借鉴前人的智慧，分别阐述天然翡翠、处理翡翠和相似玉石的肉眼鉴定方法。

一 天然翡翠鉴定

天然翡翠俗称A货，肉眼鉴定主要特征有：翠性、色根、光泽、手感、敲击声等。

▶ 翠性 >>>>>

翠性也称"苍蝇翅"，是组成翡翠的硬玉具两组完全解理形成的解理面闪光。在阳光的照射下转动翡翠样品时，矿物的解理面会呈现雪片状、苍蝇翅和沙星状闪光，又称翠性。翡翠经过抛光和上蜡等工序，翠性可能不易看到，这时可借助放大镜进行观察。翠性是翡翠与相似玉石区别的有效特征之一。

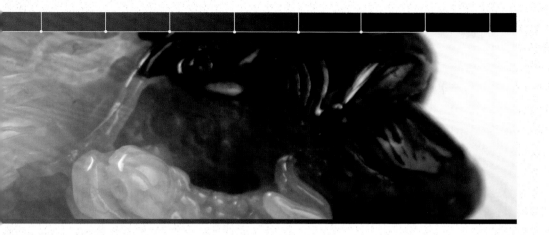

▶ 色根 >>>>>

翡翠的颜色多种多样，且分布不均，颜色的色调、深浅千变万化。翡翠的色根指的是绿色丝絮、条纹或斑点状的绿色矿物晶体，呈脉状、长柱状、一头粗的棒状或点状等形态，见图2-4-1。天然翡翠存在有色根，颜色边界清晰，绿色实在[13]。染色翡翠和"B货"翡翠无色根，颜色呈丝网状沿裂隙分布，或漂浮在翡翠的表面，无色根形成，与天然翡翠的色根形成鲜明的对比。

图2-4-1 天然翡翠的色根

▶ 手感 >>>>>

翡翠结构致密，硬度较高，抛光后表面光滑，反复触摸会有粘上水的感觉。翡翠传热及散热快，贴在脸上或手背上有凉感。翡翠相对密度为3.33，较重。虽低于水钙铝榴石，但比其他相似玉石如和田玉、岫玉、独山玉、绿玉髓、染色石英岩等密度高，手掂翡翠有"打手"的感觉。

▶ 光泽 >>>>>

高质量的翡翠表面光滑，具有明亮的玻璃光泽，比其他玉石光泽要强，转动翡翠时，表面的反光点快速移动，晶莹而灵活。颗粒粗的翡翠光泽弱，为油脂光泽。

▶ **敲击声** >>>>>

由于天然翡翠结构紧密，颗粒呈近乎定向排列，用玉石或金属敲击，会发出宛如铜铃般清脆的声音。质地越好，发出的声音越清脆；质地较差，清脆声则会降低。

【二】 处理翡翠鉴定

翡翠的处理是将质地差、水头差或颜色不鲜艳的劣质翡翠经过酸洗、充填、染色或镀膜等方法，达到改善翡翠外观，提高其美感的目的。处理后的翡翠随着时间的延长，会出现颜色发黄、光泽变暗，致密度降低等变化，因而不同于天然翡翠历久弥新的特征。目前市场上主要出现的处理翡翠有经过酸洗漂白和充填的"B货"翡翠，以及经过各种染料染色处理的"C货"翡翠。

▶ **"B货"翡翠鉴定** >>>>>

"B货"翡翠是选用带有绿色、地脏且水头差的天然翡翠，经过强酸浸蚀，去除黄、黑杂色及白云状等杂质。然后再用树脂胶充填，以增加强度和透明度，达到"去脏、增水、留翠"的目的[14]。经过这些工序，低档翡翠看起来像质地细腻、水头较好、绿色鲜艳的高档翡翠，见图2-4-2。B货翡翠肉眼鉴定主要通过结构与透明度、光泽、颜色、手感、敲击声来判断。

图2-4-2 翡翠原料处理前后的变化情况对比（左图三块原料分别为处理前、酸处理后和注胶后的图片），右图是"B"货翡翠平安扣

1 结构与透明度

由于“B货”翡翠经过酸洗，内部结构遭到破坏，将其放入盛水的玻璃器皿中，用聚光手电投射，可见丝瓜瓤状网络结构。“B货”翡翠经过充填树脂胶，表面透明度较好，但内部浑浊。原因是酸洗去除了翡翠杂色充填树脂胶后透明度较好，而强酸没有触及到内部水头较差的部分，则显得混浊不清[13，15]。

2 光泽

“B货”翡翠裂隙中注入了树脂胶，光泽较天然翡翠明显变暗，呈蜡状玻璃光泽、树脂光泽或蜡状光泽。

3 颜色

“B货”翡翠在酸洗漂白过程中，氧化物及杂质被溶解，底色很干净，如果是白色则特别白，颜色与质地反差明显，不协调。绿色显得很纯净，颜色有零乱漂浮感，色丝边界不清[16]。

4 手感

业内人鉴别翡翠要“一看二摸”，注入树脂胶的“B货”翡翠手感温滑，无凉感，反复触摸无天然翡翠湿涩感。

5 敲击声

用玉石或金属敲击“B货”翡翠会发出沉闷、浑浊的声音，区别于天然翡翠敲击或碰撞时的清脆声。此方法主要适用于体积大的翡翠雕件及翡翠手镯。

无色翡翠：净度——不纯净

具极明显的内、外部特征，肉眼明显可见，对整体美观和（或）耐久性有明显影响。

▶ "C货"翡翠鉴定 >>>>>

"C货"翡翠是选用中粗粒结构有一定空隙度的天然翡翠作为原料，用稀酸洗去表面杂质，加热扩张孔隙，然后放入染料中进行浸泡，使染料沿裂隙进入矿物之间缝隙而着色，从而使颜色鲜艳明亮。翡翠着色的染料一般分为两种：一种为有机染料（含铬盐类），另一种为无机染料（NiO_2）。

染色翡翠用聚光手电照射，通过透射光可见染料在裂隙处集中，呈树根状分布，颜色不自然，见图2-4-3。染紫色翡翠，紫色中红色成分较多；天然翡翠，紫色中蓝色调偏多。染绿色翡翠，绿色部分在太阳照射下颜色泛黄；天然翡翠绿色不变。染红色翡翠，颜色深浅相对均匀；天然红翡，颜色分布不均匀[17]。

图2-4-3 染色绿色翡翠和黄色翡翠（可见丝网状分布的染料）

三 与翡翠相似玉石的鉴别

市场上与翡翠相似的玉石种类有：软玉（碧玉）、蛇纹石玉、独山玉、水钙铝榴石、钠长石玉、绿玉髓、石英岩、玻璃等。

▶ 软玉（碧玉） >>>>>

软玉中的碧玉颜色呈绿至暗绿色，和翡翠较为相似。但碧玉结构致密，组成的矿物颗粒较小，呈半透明至微透明。表面呈油脂光泽，具温润感，颜色分布均匀，见图2-4-4。常有四方形黑色点状矿物，无色根、无翠性，以此可以和翡翠相区别。

图2-4-4 碧玉河磨料

▶ 岫玉 >>>>>

岫玉又称"蛇纹石玉"，是市场上常见的玉石品种。其产地多、产量大，颜色以黄绿色为主，某些情况下容易与翡翠相混淆。但蛇纹石玉绿色较淡，偏黄色，颜色分布均匀，结构比翡翠细腻，接近老坑玻璃种，半透明至微透明，无解理面闪光，有蜡状到玻璃光泽，见图2-4-5。岫玉手掂比翡翠轻，硬度较翡翠小，在2.5～5.5之间变化，一般可用小刀刻动。岫岩产的蛇纹石玉硬度最大，可达5～5.5。

图2-4-5 岫玉手镯

样品主体颜色为纯正的绿色，或绿色中带有极轻微的、稍可觉察的黄、蓝色调。

◉ 独山玉 ＞＞＞＞＞

独山玉因产于河南南阳市郊的独山而得名，也称"南阳玉"。独山玉结构较致密，组成矿物种类多，颜色斑杂，很少见到颜色均一的品种，以此可以和翡翠相区别。独山玉中常有黄褐、红褐和墨色等，分布不均匀，并伴有色带、色斑等。半透明至不透明，透明度较低，见图2-4-6。独山玉的绿色带有灰色、黄色色调，没有翡翠绿色明快；独山玉绿色一般呈团块状，翡翠绿色一般呈带状、脉状的"色根"分布。

图2-4-6 独山玉手镯

◉ 水钙铝榴石 ＞＞＞＞＞

水钙铝榴石是石榴石的一个品种，也有人称其为"南非玉"、"青海翠"、"不倒翁"等。颜色以绿色为主，半透明至不透明，粒状结构，无翠性，无色根，常含有黑色铬铁矿，呈现黑色斑点状，这是水钙铝榴石与翡翠不同的重要特征，见图2-4-7。

图2-4-7 水钙铝榴石手镯

▶ 钠长石玉 >>>>>

　　钠长石玉是主要由钠长石组成的玉石品种，行业内称为"水沫子"。钠长石玉颜色主要是无色、白色，透明度很好，透明至半透明，类似于翡翠的冰种。但钠长石玉光泽较翡翠弱，没有冰种翡翠颜色明亮，手掂较翡翠轻将近1/4，内部常含有粉末状、棒状、砂糖状的白色絮状石花，见图2-4-7。

图2-4-8 钠长石挂件中的白色"水沫子"

▶ 绿玉髓 >>>>>

　　绿玉髓也称为"澳洲玉"，主要是由SiO_2组成，隐晶质结构，绿色分布均匀，常带黄色或灰色调，微透明至半透明，大部分为半透明，表面光滑，有玻璃光泽，见图2-4-9。绿玉髓与翡翠根本区别是无色根、无翠性，是隐晶质集合体，贝壳状断口，看不到翡翠的纤维交织结构或粒状结构，手掂比翡翠轻。

图2-4-9 绿玉髓首饰

▶ 石英岩 >>>>>

　　石英岩的矿物组成主要是粒状石英颗粒，显晶质结构，微透明至半透明，品种有东陵石、密玉和贵翠等，与翡翠容易混淆的是绿色东陵石，见图2-4-10。东陵石颜色分布均匀，颗粒较粗，粒状结构明显，绿色呈小片状，与翡翠"色根"明显不同。东陵石因含绿色铬云母，在阳光下呈片状闪光，可见"砂金效应"，与翡翠"翠性"不同，手掂较轻。

图2-4-10 东陵石雕件

染绿的石英岩俗称"马来玉"，在市场上冒充翡翠制品的现象较多。无色、透明度较好的石英岩经过加热、淬火再染绿色，呈粒状结构，用聚光手电侧面照射肉眼可见石英颗粒。染绿的石英岩在聚光手电投射光下，借助放大镜可看到丝瓜瓤状颜色分布，见图2-4-11。

图2-4-11 马来玉手链

▶ 仿翡翠玻璃 >>>>>

　　在市场上，尤其是旅游小集市、低档的玉器市场或古玩城，绿玻璃是最常见的、由来已久的仿翡翠制品，见图2-4-12。早期的仿翡翠玻璃，业内人士称为"料器"，颜色分布均匀，常见气泡，气泡大小不一，肉眼可辨别，贝壳状断口。目前仿翡翠玻璃一般是脱玻化玻璃，肉眼可见草丛状、镶嵌状图案。玻璃手感温热，区别于翡翠较凉的感觉。

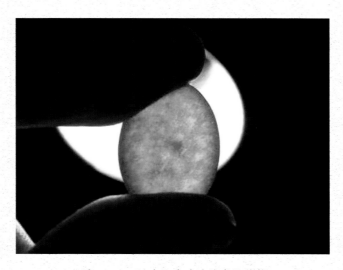

图2-4-12 脱玻化玻璃的镶嵌状结构

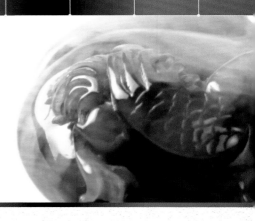

第五节

【翡翠的仪器检测】

翡翠肉眼鉴定需要多年积累丰富的实践经验，随着现代技术迅速发展，翡翠的处理方法、手段越来越高明，处理翡翠和仿翡翠制品越来越类似天然翡翠，以假乱真、以劣充优的现象屡屡出现。仪器检测是最具科学性、准确性和可靠性的检测方法，因此对一些价格较高、肉眼无法判别真伪的翡翠玉件，需要借助宝石检测实验室的专业仪器进行检测鉴定。

一 天然翡翠的检测

▶ 放大观察 >>>>>

在放大镜和宝石显微镜下借助反射光放大检查，天然翡翠的抛光表面一般可见微波状起伏，即微波纹，见图2-5-1。是翡翠内部结构的外在反映，同"翠性"一样是鉴别翡翠的重要特征。产生微波纹的原因有三方面：一是由于硬玉矿物颗粒硬度差异，抛光后引起微波纹；二是由于翡翠解理面发育，抛光时平行抛光面方向的解理面脱落；三是由于翡翠组成矿物的硬度不同，引起微波状起伏[18]。在显微镜透射光下，可见翡翠纤维交织结构或粒状纤维交织结构。

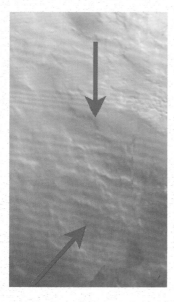

图2-5-1天然翡翠抛光表面微波纹

▶ 密度检测 ﹥﹥﹥﹥﹥

通过天平测量，采用静水称重法，可知天然翡翠相对密度为3.33左右，大于大部分其他玉石。

▶ 折射率检测 ﹥﹥﹥﹥﹥

天然翡翠一般为抛光弧面，使用折射仪，用点测法可知折射率为1.66左右，其他相似的玉石折射率值则不同于此。

▶ 查尔斯滤色镜 ﹥﹥﹥﹥﹥

绿色天然翡翠在查尔斯滤色镜下不变色，而东陵石、独山玉和水钙铝榴石则在查尔斯镜下变红。

▶ 吸收光谱检测 ﹥﹥﹥﹥﹥

借助透射白光源透过翡翠的光，使用分光镜，可观察到紫区437nm强吸收线，铬致色的绿色翡翠可在红区看到630nm、660nm、690nm三条阶梯状吸收线。

翡翠鉴赏
FEICUI JIANSHANG

绿色翡翠：色调——绿（微蓝）

反射光下呈中等浓度绿色，颜色浓淡适中，透射光下呈较明快绿色。

荷塘双鹤

红外光谱仪检测 >>>>>

红外光谱检测是优化处理翡翠检测最有效的手段和方法，尤其是对一些高档翡翠件的鉴定有着无可替代的作用。

图2-5-2显示了傅里叶红外光谱特征。通过傅里叶红外光谱仪对天然翡翠进行测试分析，显示天然翡翠在2600～3200cm-1区间透过率好，基本不存在吸收峰。上蜡翡翠的透射红外图谱有由充填在翡翠颗粒和缝隙中的油脂引发的2850cm-1、2927 cm-1、2959 cm-1的三个吸收峰组成的峰系。

"B货"翡翠红外鉴定在2600～3200cm-1区间有多个吸收峰，主要是2870cm-1、2927 cm-1、2960 cm-1、3035 cm-1、3058 cm-1。

"C货"翡翠经注胶及染色后与B货翡翠红外光谱特征相似，C货翡翠由于有机染料存在于红外光谱中会出现2854cm-1和2920-1的吸收峰。

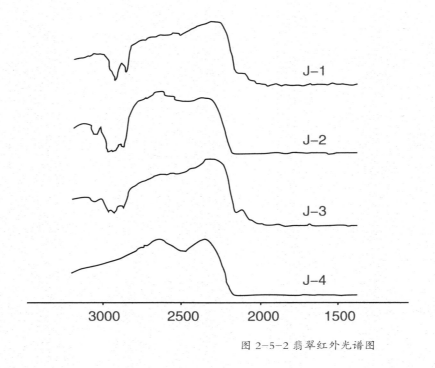

图 2-5-2 翡翠红外光谱图

注：J-1为上蜡翡翠（A货）；J-2为注胶翡翠（B货）；J-3为注胶染色翡翠（B+C货）；J-4为天然翡翠

"B货"翡翠经酸洗漂白和注胶处理后，充填物与翡翠本身的硬度差别大，在切磨抛光时，低硬度的充填物容易被抛磨，形成下凹的凹沟或凹坑，许多凹沟组成像干裂土壤的网状裂纹，即酸蚀网纹，也称龟裂纹，在显微镜下反射光可见，如图2-5-3。较大的凹沟中常出现树脂充填物或残留气泡，充填物呈油脂光泽，与无充填的裂隙干枯无油脂光泽形成对比，高倍显微镜下气泡呈小亮点状。

在宝石显微镜下利用透射光，经过30～40倍放大，可见B货翡翠结构松散，颗粒界限模糊不清，矿物晶体酸蚀后不同程度地圆化，颗粒感减弱。

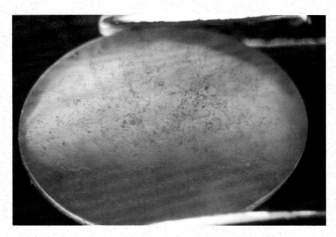

图2-5-3 "B货"翡翠表面的龟裂纹

▶ 折射率检测 >>>>>

B货翡翠的充填物折射率低，其折射率略低1.65左右。

▶ 密度检测 >>>>>

B货翡翠结构松散，充填物密度小，相对密度低于天然翡翠，为3.22左右。

▶ 紫外光灯检测 >>>>>

无或弱至强的蓝白色或黄绿色荧光，呈均匀状或斑杂状分布。

磊落光明其人如玉，慈祥岂弟与物皆春。

——清 曾国藩

▶ 偏光检测 ＞＞＞＞＞

同天然翡翠一致，在正交偏光镜下，转动360°，出现全亮的现象。

▶ 红外光谱仪检测 ＞＞＞＞＞

利用红外光谱仪检测"B货"翡翠，是目前已知最准确和最可靠的方法。

三 "C货"翡翠的仪器检测

▶ 内外部特征检测 ＞＞＞＞＞

在宝石显微镜下观察，C货翡翠可见染料在较大裂隙中沉淀或聚集，这是鉴别染色翡翠最直接的证据，见图2-5-4。染色翡翠也常常出现与B货翡翠一样的酸蚀网纹。通过宝石显微镜透射光，颜色呈丝网状分布。

▶ 折射率、密度、偏光检测 ＞＞＞＞＞

C货翡翠的折射率、偏光、密度与天然翡翠相近。

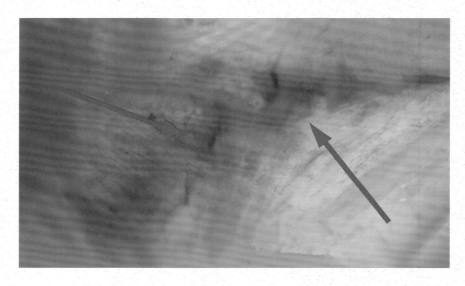

图2-5-4 染色翡翠在显微镜下观察到的丝网状颜色分布

▶ 紫外荧光检测 >>>>>

大多数染绿色翡翠与天然翡翠相似，一般无荧光，少数染绿色翡翠会发黄绿色荧光，有些染红色翡翠会发橙红色荧光。

▶ 查尔斯滤色镜检测 >>>>>

染色剂不同，染色翡翠在查尔斯滤色镜反应也不同。用无机染料染色翡翠，滤色镜下变红；而经有机染料染色的翡翠，滤色镜下不变色，仍为绿色。

▶ 红外光谱仪检测 >>>>>

有机染料染色的翡翠在红外光谱中出现26854cm−1和2920−1的吸收峰，反映出有机物的存在。

▶ 吸收光谱检测 >>>>>

在分光镜下观察，经染料染绿色的翡翠在紫光区仍有437nm吸收线，但在红光区650nm处有一条强吸收带，区别于天然翡翠在红光区3条强吸收线，这是鉴别染绿色翡翠的重要特征，见图2-5-5。

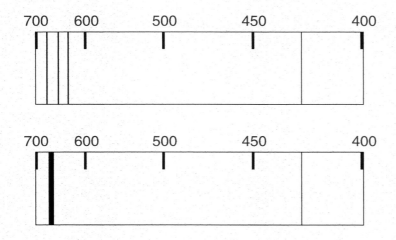

图2-5-5 绿色翡翠吸收光谱（上为天然翡翠，下为染绿色翡翠）

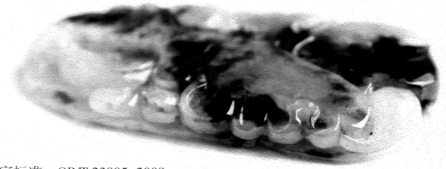

主要参考文献：

[1]《翡翠分级》国家标准，GB/T 23885–2009.

[2]袁心强.应用翡翠宝石学.武汉：中国地质大学出版社，2009.

[3]陈炳辉，丘志力，张晓燕.紫色翡翠的矿物学特征初步研究.宝石和宝石学杂志，1999，1（3）：35–39.

[4]Ou Yang. A Terrestrial Source of Ureyite. American Minerologist, 1984 (69)：1180–1183.

[5]郑楚生，郭凯文.缅甸翡翠发现新类型——含绿辉石翡翠及其鉴定特征.中国宝玉石，1988（1）：5–7.

[6]欧阳秋眉.翡翠的矿物组成.宝石和宝石学杂志，1999，1（1）：18–24.

[7]崔文元，施光海，林颖.钠铬辉石玉及相关闪石玉（岩）的研究.宝石和宝石学杂志，1999，1（4）：16–21.

[8]郭颖.翡翠的分类与收藏.珠宝黄金，2011，111–117.

[9]汪毅飞.翡翠的种色划分及经济评价.中国宝玉石，1996，2：38–40.

[10]张蓓莉.系统宝石学.北京：地质出版社，2006.

[11]罗莹华，张乐凯.翡翠的宝石特征及鉴别.中国有色金属学报，1998，9：103–105.

[12]李兆聪.翡翠的肉眼识别（上）.中国宝玉石，1999，2：63–65.

[13]朱文辉.翡翠B货及其鉴定.矿产与地质，2001，10：497–500.

[14]林少光，张克华，江贵波.翡翠的系统鉴定法.广西轻工业，2009，10：23–24.

[15]李兆聪.翡翠的肉眼识别（下）.中国宝玉石，1999，3：64–66.

[16]张未及.翡翠表面微波纹.宝石和宝石学杂志，2000，6：20–22.

叁

【翡翠件评价的重要性】

　　本章所指的翡翠件既包括以翡翠作为唯一材质制成的工艺品、装饰品，如：翡翠山子、翡翠摆件、翡翠手把玩件（简称手把件）、翡翠手镯、翡翠吊坠、翡翠珠子、翡翠马鞍戒和翡翠戒面等；也包括以翡翠为主要材质制成的工艺品、装饰品，如：翡翠戒指、胸花、吊坠、领带夹、衣扣、摆件及其他装饰件等，这些以翡翠为主要材质制成的工艺品、装饰品，除了镶嵌金属外，还可能配以各色宝石，如：钻石、红宝石、蓝宝石等，但就价值而论，翡翠是其主要成分，其他均处于次要地位。

翡翠件
的
评价与创作
Pingjia yu Chuangzao

翡翠件的评价与创作 Pingjia yu Chuangzuo

俗话说："黄金有价玉无价。"

这句话从正面来理解则是黄金不管是采自中国，还是南非、俄罗斯，其本质是一样的（都是99%以上的Au元素），其价值是一定的，在一定时期、一定购销形势下，其价格也是一定的。当然，由于时期的不同、购销形势的不同，其价格也会有波动。

玉则是千变万化，由于产地、形状、大小、颜色、质地的不同，其价值也不同。每个不同的玉件，都应有不同的定价，不能千篇一律地只给出一个价格。

我想以上的表述应该是正面的、客观的、科学的，既符合当时国人爱玉之心，又反映了古人对玉定价的为难。

有些人将这句话引申为：黄金是有价之宝，玉则是无价之宝。这就不恰当了。玉是无价之宝，拥有一块玉，就拥有了一切，那不是很荒唐吗？再者，玉（具体到玉件）不论其形状、大小、质地、颜色，都是无价之宝，那就没有优劣之别，其荒唐更是显而易见的。

有人还说：喜欢就好，玉无价。

喜欢就好，对个人而言，由喜欢到爱好、到购买、到佩戴或收藏，这是顺理成章的。但这个"好"，是建立在个人喜欢的基础上的，是主观的，不是客观的。有些商人就抓住顾客的心理，抓住顾客的喜好，经常说："喜欢就好，玉无价"，趁机要高价，从而获取暴利。这是少数商人的经营手法，而不是对玉件的客观定价。

时至今日，我们对翡翠的化学成分和矿物组成，翡翠的种、地、水、色，已经有了很多定性甚至定量的科研成果。在翡翠件的定价上还靠这些老话，就很不相称。必须力争将翡翠件的评价、定价建立在客观的、科学的基础上，以保障翡翠行业的健康发展和翡翠市场的繁荣昌盛。

对翡翠件客观、科学地评价和定价，涉及买卖双方的公平交易。这可以使买翡翠的人坚定保值、增值的信心，不但可以佩戴、欣赏、收藏，而且随着时间的推移，还在不断地增值；使卖翡翠的人定价有所依据，能够客观地、科学地推导出价格，有理、有据地和顾客讨价还价，而不是漫天要价、就地还钱，让顾客无所适从。另外，搞清楚翡翠评价这个问题，对翡翠件的创作也有指导意义。因为客观地、科学地论证，清楚翡翠件的评价原则和标准，可以指导翡翠件创作人员最大限度地挖掘出翡翠原石的各项材质优势，加工出又好、又大、又多的翡翠件来，创造出最大的价值。对于这一点，我们将列专节进行论述。总之，搞清楚翡翠件的评价问题，对于整个翡翠行业来说是个贯穿始终、贯穿全局的大问题。搞好了，整个行业，从设计到加工再到销售，都会运行在客观的、科学的轨道上，越走越稳、越走越远；搞不好，整个行业，从设计到加工再到销售，如坠入云里雾里，无所适从。翡翠行情一会儿拉高要刺破青天，一会儿又压低被贬入地狱，反复炒作，越炒新入门者越少，爱好者队伍越来越小，群众望而却步，行业就越来越萎缩。

怎样才能振兴翡翠行业？请回到客观、科学的轨道上来。

璧十五城方得价，树三千年一开花。

——清 梁启超

第二节

【翡翠件的价值】

翡翠件的价值应从下列三个方面加以评价：一、材质的价值；二、翡翠件的整体价值；三、翡翠件的历史人文价值。

龙飞凤舞牌

一 材质的价值分析

翡翠主要是由硬玉及其他钠质、钠钙质辉石（钠铬辉石、绿辉石）组成的，具有工艺价值的矿物集合体，可含少量角闪石、长石、铬铁矿等矿物。

硬玉的化学分子式为$NaAlSi_2O_6$。

翡翠是原岩经变质作用重新结晶而形成的。原岩的主要成分是钠长石，其化学分子式为：$NaAlSi_3O_8$。其变质作用、重新结晶的物理条件是：中温（300℃左右）高压（1万个大气压左右）。这种物理条件不是在地壳的深部，而是在地壳的上部板块的运动撞击、挤压、剪切中形成的。

由于原岩的物质组成、纯度、结构、构造的不同，变质作用中温度、压力、溶液性质的不同，造成了翡翠不同的结构——纤维交织结构、粒状纤维交织结构、斑状变晶结构、塑性变形结构等。翡翠的结构决定了翡翠的质地、透明度和光

翡翠件
的
评价与创作
Pingjia yu Chuangzuo

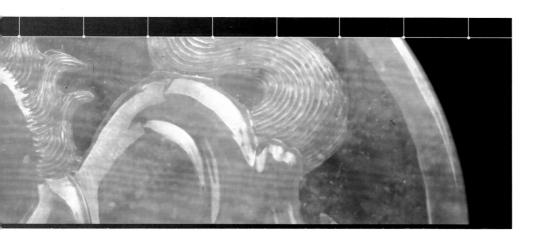

泽。一般来讲，矿物的颗粒越细、
结合越紧密，翡翠的质地越细腻、
致密、透明度越好、光泽也越强；
反之，矿物颗粒越粗，结合越松
散，翡翠的质地就越差，透明度、光泽
也差。当翡翠的成分单一（$NaAlSi_2O_6$），纯度高，晶粒细腻，结构紧
密，透明度好，翡翠呈无色透明状，也即俗称的老坑玻璃种或高冰种
无色翡翠。

　　当翡翠成分单一、但结构松散，硬玉矿物颗粒之间
有一定的空隙，残留了空气或其他物质，降低了透明
度，则翡翠不再透明，而呈白色。

　　翡翠的绿色主要是由微量的Cr、Fe等元素类质
同象替代所引起的。当硬玉分子中Al^{3+}被适量的Cr^{3+}
替代时，翡翠呈诱人的翠绿色。若Cr^{3+}的含量过高
时，则翡翠的绿色变成为墨绿色，甚至是黑色；不
足时，则为浅绿色、淡绿色。当硬玉分子中Al^{3+}被
Fe^{3+}替代时，翡翠呈灰绿色，不如含Cr的翡翠那么鲜
艳、明快。当硬玉分子中的Al^{3+}，同时被Cr^{3+}、Fe^{3+}等
替代时，则视其比例呈现各中间绿色。

随形挂件

翡翠的黑色有两种：一种在普通光源下为黑色，在强光源照射下呈深墨绿色，此为硬玉分子中Al^{3+}被过量的Cr^{3+}、Fe^{3+}替代而造成的，此种翡翠的折射率和密度，比一般翡翠稍高。

绿黑过渡牌

绿蝉

另一种呈深灰色或灰黑色，这是由角闪石等暗色矿物造成的。

绿色金蟾

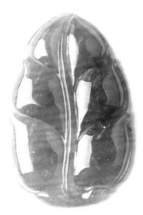

叶子

翡翠的紫色按其颜色变化可分为：浅紫、粉紫、紫、蓝紫等。传统观念认为是由于微量的Mn致色，现在有些专家认为是由Fe^{2+}和Fe^{3+}离子跃迁而致色。

紫色螭虎牌

蓝紫色桃

粉紫吊坠

黄色蟠龙牌

翡翠的黄色和红色是次生色。当原生翡翠形成后，由于风化作用，赤铁矿、褐铁矿沿翡翠颗粒的缝隙或解理慢慢渗入而形成。一般黄色多为褐铁矿所致，红褐色为赤铁矿所致。

翡翠作为自然界的珍宝之一，评价翡翠件的价值，首先要评价它的材质价值。

"翡翠分级"的国家标准（GB/T 23885-2009）是我国翡翠行业多年工作成果的科学总结，应该作为翡翠材质评价的主要依据。

根据"翡翠分级"的国家标准，评价翡翠（无色）的指标主要有三个：透明度、质地和净度。

▶ 无色翡翠 >>>>>

翡翠（无色）是指无色或颜色彩度极低的翡翠。

1 透明度

透明度是翡翠对可见光的透析程度。根据翡翠（无色）透明度的差异，将其划分为五个级别，见表2-1。

表2-1 翡翠（无色）透明度级别及表示方法

透明度级别 SiO_2		肉眼观测特征	单位透过率参考值t%	商贸俗称（参考）
透明	T_1	反射观察：内部汇聚光强，汇聚光斑明亮 透射观察：绝大多数光线可透过样品，样品内部特征清楚可见	t≥85	玻璃地
亚透明	T_2	反射观察：内部汇聚光较强，汇聚光斑较明亮 透射观察：大多数光线可透过样品，样品内部特征可见	80≤t<85	冰地
半透明	T_3	反射观察：内部汇聚光弱，汇聚光斑暗淡 透射观察：部分光线可透过样品，样品内部特征尚可见	75≤t<80	糯化地
微透明	T_4	反射观察：内部无汇聚光，仅可见微量光线透入 透射观察：少量光线可透过样品，样品内部特征模糊不可辨	65≤t<75	冬瓜地
不透明	T_5	反射观察：内部无汇聚光，难见光线透入 透射观察：微量或无光线可透过样品，样品内部特征不可见	t<65	瓷地/干白地

透明度级别由高到低，依次表示为T1（透明）、T_2（亚透明）、T_3（半透明）、T_4（微透明）、T_5（不透明）。

待分级翡翠的透明度与某一标样相同，则该标样的透明度级别为待分级翡翠的透明度级别。

待分级翡翠的透明度介于相邻两件连续的标样之间，则以其中较低级别表示待分级翡翠的透明度级别。

待分级翡翠的透明度高于标样的最高级别，仍由最高级别表示待分级翡翠的透明度级别。

待分级翡翠的透明度低于标样的最低级别，仍由最低级别表示待分级翡翠的透明度级别。

2 质地

翡翠（无色）的质地是指组成翡翠的矿物颗粒大小、形状、均匀程度及颗粒间相互关系等因素的综合特征。

根据翡翠（无色）质地的差异，将其划分为五个级别，见表2-2。

表2-2 翡翠（无色）质地级别及表示方法

质地级别		肉眼观测特征	颗粒粒径（丝米）
极细	Te_1	质地非常细腻致密，10倍放大镜下才见矿物颗粒	d < 0.1
细	Te_2	质地细腻致密，10倍放大镜下可见但肉眼难见矿物颗粒，粒径大小均匀	0.1 ≤ d < 0.5
较细	Te_3	质地致密，肉眼可见矿物颗粒，粒径大小较均匀	0.5 ≤ d < 1.0
较粗	Te_4	质地较致密，肉眼易见矿物颗粒，粒径大小不均匀	1.0 ≤ d < 2.0
粗	Te_5	质地略松散，肉眼明显可见矿物颗粒，粒径大小悬殊	≥ 2.0

质地级别由高到低，依次表示为Te_1（极细）、Te_2（细）、Te_3（较细）、Te_4（较粗）、Te_5（粗）。

3 净度

翡翠（无色）的净度是指翡翠的内、外部特征对其美观和耐久性的影响程度。其内部特征包含在或延伸至翡翠内部的天然内含物和缺陷；其外部特征存在于翡翠外表的天然内含物和缺陷。

净度级别由高到低，依次表示为C_1（极纯净）、C_2（纯净）、C_3（较纯净）、C_4（尚透明）、C_5（不纯净），见表2-3。

表2-3 翡翠（无色）质地级别及表示方法

净度级别		肉眼观测特征	典型内、外部特征类型
极纯净	C_1	肉眼未见翡翠内外部特征，或仅在不显眼处有点状物、絮状物，对整体美观几乎无影响	点状物、絮状物
纯净	C_2	具细微的内、外部特征，肉眼较难见，对整体美观有较微影响	点状物、絮状物
较纯净	C_3	具较明显的内、外部特征，肉眼可见，对整体美观有一定影响	点状物、絮状物、块状物
尚纯净	C_4	具明显的内、外部特征，肉眼易见，对整体美观和（或）耐久性有较明显影响	块状物、解理、纹理、裂纹
不纯净	C_5	具极明显的内、外部特征，肉眼明显可见，对整体美观和（或）耐久性有明显影响	块状物、解理、纹理、裂纹

黄色祥龙手把件

绿衣观音牌

白衣观音牌

▶ 绿色翡翠 >>>>>

翡翠（绿色）是指主题颜色色调为绿色，且具有一定色彩的翡翠。它的指标体系要比翡翠（无色）的复杂一些。

1 色调

首先要根据翡翠（绿色）的色调差异，将其划分为绿、绿（微黄）、绿（微蓝）三个级别，见表2-4。

表2-4 翡翠（绿色）色调类别及表示方法

色调类别		肉眼观测特征	光谱色主波长参考值 λ /nm
绿	G	样品主体颜色为纯正的绿色，或绿色中带有极轻微的、稍可觉察的黄、蓝色调	500 ≤ λ < 530
绿（微黄）	yG	反射光下呈沉浓绿色，颜色浓艳饱满 透射光下呈鲜艳绿色	530 ≤ λ < 550
绿（微蓝）	bG	反射光下呈中等浓度绿色，颜色浓淡适中 透射光下呈较明快绿色	490 ≤ λ < 500

待分级翡翠的色调偏黄或偏蓝程度等于或高于标样，则用yG绿（微黄）或bG绿（微蓝）表示待分级翡翠的色调类别。

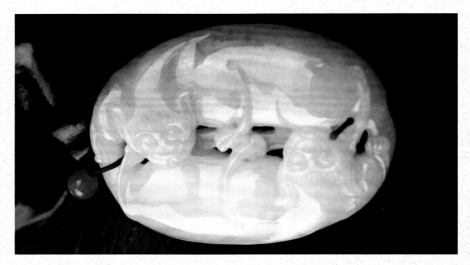

以上图片由菜百提供

2 彩度

彩度是指翡翠颜色的浓淡程度。

根据翡翠（绿色）彩度的差异，将其划分为五个级别。

彩度级别由高到低，依次表示为Ch_1（极浓）、Ch_2（浓）、Ch_3（较浓）、Ch_4（较淡）、Ch_5（淡），见表2-5。其划分规则也是同标样比对。

表2-5 翡翠（绿色）彩度级别及表示方法

彩色级别		肉眼观测特征	色纯度参考值Pe%	GemDialogue色卡彩色参考值C%
极浓	Ch_1	反射光下呈深绿色，颜色浓郁 透射光下呈浓绿色	Pe≥65	C≥85
浓	Ch_2	反射光下呈沉浓绿色，颜色浓艳饱满 透射光下呈鲜艳绿色	45≤Pe<65	65≤C<85
较浓	Ch_3	反射光下呈中等浓度绿色，颜色浓淡适中 透射光下呈较明快绿色	30≤Pe<45	45≤C<65
较淡	Ch_4	反射光及透射光下呈淡绿色，颜色清淡	20≤Pe<30	25≤C<45
淡	Ch_5	颜色很清淡，肉眼感觉近无色	10≤Pe<20	5≤C<25

冰地飘花双龙戏珠翠玉环

冰底双龙戏珠翠玉环

绿色翡翠：色调——较浓

反射光下呈中等浓度绿色，颜色浓淡适中，透射光下呈较明快绿色。

3 明度

明度是指翡翠颜色的明暗程度。

根据翡翠（绿色）的明度差异，将其划分为四个级别。

明度级别由高到低，依次分为V_1（明亮）、V_2（较明亮）、V_3（较暗）、V_4（暗）见表2-6。

表2-6 翡翠（绿色）色调类别及表示方法

明度级别		肉眼观测特征	GemDialogue色卡灰度标尺参考值 G%
明亮	V_1	样品颜色鲜艳明亮，基本察觉不到灰度	$G < 10$
较明亮	V_2	样品颜色较鲜艳明亮，能觉察到轻微的灰度	$10 \leqslant G < 30$
较暗	V_3	样品颜色较暗，能觉察到一定的灰度	$30 \leqslant G < 50$
暗	V_4	样品颜色暗淡，能觉察到明显的灰度	$G \geqslant 50$

明度级别划分规则：

1.待分级翡翠进行明度级别划分前，应先确定其色调类别及色彩级别；

2.使用确定待分级翡翠彩度级别的标样，叠加灰色标尺得出待分级翡翠的灰度数值；

3.根据做的灰度数值方位，确定待分级翡翠的明度级别。

4 透明度

翡翠（绿色）的透明度与翡翠（无色）的透明度划分有所不同，根据翡翠（绿色）透明度的差异，将其划分为四个级别，见表2-7。

表2-7翡翠（绿色）透明度级别及表示方法

透明度级别		肉眼观测特征	单位透过率参考值t%
透明	T_1	反射观察：内部汇聚光较强 透射观察：大多数光线可透过样品，样品内部特征可见	$t \geq 75$
亚透明	T_2	反射观察：内部汇聚光弱 透射观察：部分光线可透过样品，样品内部特征尚可见	$65 \leq t < 75$
半透明	T_3	反射观察：内部无汇聚光，仅可见少量光线透入 透射观察：少量光线可透过样品，样品内部特征模糊不可辨	$55 \leq t < 65$
微透明至不透明	T_4	反射观察：内部无汇聚光，难见光线透入 透射观察：微量或无光线可透过样品，样品内部特征不可见	$t < 55$

透明度级别由高到低，依次表示为T_1（透明）、T_2（半透明）、T_3（亚透明）、T_4（微透明至不透明）。其划分规则也是同标样比较。

1.翡翠（绿色）的质地分级按照翡翠（无色）的质地分级。

2.翡翠（绿色）的净度分级按照翡翠（无色）的净度分级。

3.翡翠（紫色）的分级参照翡翠（绿色）的质地分级。

4.翡翠（红至黄色）的分级也参照翡翠（绿色）的质地分级。

翡翠材质价值的评价是建立在各项指标分别、精确评价基础上的一个综合评价。由于指标数量较多，反映的侧面都很重要，因而综合的难度是很大的。下面仅以翡翠（绿色）为例，提出一套处理方法，抛砖引玉，供业内人士研讨。

翡翠（绿色）的评价指标有：色调、彩度、明度、透明度、质地、净度等六项，其中色调一项属于颜色定性的一项，其余五项都有定量的要求。

彩度	Ch_1 （极浓）	Ch_2 （浓）	Ch_3 （较浓）	Ch_4 （较淡）	Ch_5 （淡）
	10分	10分	8分	6分	4分
明度	V_1 （明亮）	V_2 （较明亮）	V_3 （较暗）	V_4 （暗）	
	10分	8分	6分	4分	
透明度	T_1 （透明）	T_2 （亚透明）	T_3 （半透明）	T_4 （微透明至不透明）	
	10分	8分	6分	4分	
质地	Te_1 （极细）	Te_2 （细）	Te_3 （较细）	Te_4 （较粗）	Te_5 （粗）
	10分	8分	6分	4分	2分
净度	C_1 （极纯净）	C_2 （纯净）	C_3 （较纯净）	C_4 （尚纯净）	C_5 （不纯净）
	10分	8分	6分	4分	2分

其中彩度分为五级，明度分为四级，透明度分为四级，质地分为五级，净度分为五级。在综合评价时还要采用数字打分的方法，再予以综合平衡。

极浓（Ch₁）的绿色翡翠，在反射光下呈深绿色、墨绿色，颜色浓绿；在透视光下呈浓绿色。按其彩度的次序，依次可分为：祖母绿、墨绿、黑色三档。祖母绿翡翠其绿色沉稳大方，雍容华丽，透射出一股帝王贵胄之气，因而又称为帝王绿。墨绿翡翠在强光透射下，翠绿得令人惊叹，异常美丽，并带有一丝神秘感。完全黑色的翡翠，实际上是很少的。墨绿色、黑色翡翠，民间传说具有扶正祛邪的功效，常用于雕刻关公、佛像等吊坠或摆件。上述翡翠，除了黑色之外，只要其绿色纯正、均匀，其彩度可评为10分。

浓（Ch₂）的绿色翡翠，在反射光下呈浓绿色，颜色浓艳饱满；在透视光下呈鲜艳绿色。只要其绿色纯正、均匀，被称之为艳绿或阳绿，是很珍贵的，其彩度也评为10分。

▶ 综合平衡注意的两点 >>>>>

1.翡翠是自然界的产物，其质地千变万化，绝不划一。翡翠国家标准是综合了长期的科研、生产、贸易成果而得出的定性、定量成果，对翡翠是有等级、有区间的。在等级评定中，若待分级件介于相邻两件连续的标样之间，则以其中较低的级别表示之，即就低不就高的原则。这是翡翠国家标准规定的，必须执行的。对某一翡翠件，若几项指标评定都遇到过就低不就高这个问题，而且砍掉评分比较多，在综合平衡时，则可以考虑做一些补偿。

2.这五项指标反映了五个重要侧面，都很重要，但总不会完全等同。在综合平衡中，绿色翡翠是否可以考虑将彩度、明度这两项指标的权重加大一些。提出上述问题，请各方行家指正。

五项指标的综合评价，其组合的级别将远远超过五级，但分得太多，过于繁琐，实践中不好掌握、运用，因而，建议绿色翡翠的评价分为下列七级：特高级（10分）、高级（9分以上）、较高级（8分以上）、中高级（7

分以上）、中级（6分以上）、中低级（5分以上）、低级（5分以
下）。若用英文字母表示，为了避免与"B货"、"C货"、"D
货"相混淆，建议从字母F开始：F（特高级）、G（高级）、H（较高
级）、I（中高级）、J（中级）、K（中低级）、L（低级）。

F级（特高级）绿色翡翠必须是祖母绿色或艳绿色，每项指标
必须都是10分；G级（高级）绿色翡翠也必须是祖母绿色或艳绿
色，其余指标只允许有1~2项为8分；H级（较高级）翡翠各项指
标可以都是8分，但要坚持加大彩度指标权重的原则，决不允许降
低彩度要求，而用提高其他指标的办法来补救；相反，只要彩度指
标好，其他个别指标稍差一些倒可以补救。

上面分析了三个高等级绿色翡翠，下面再来分析L级（低级）
翡翠。凡是各项指标都排在最后的，其五项指标的总分为16分，平
均分为3.2分，肯定属于L级。凡是各项指标都排在末二位的，其五
项指标的总分为26分，平均分为5.2分，刚超过L级，达到K级。也
就是说，五项指标必须都达到末二位，才能超过L级；只有四项指
标都达到末二位，还有一项指标仍在末位的，仍留在L级。因此，
L级翡翠的量是最大的，总的来讲都不怎么好，但其中的差别还是
很大的。

中档翡翠：I级、J级、K级，其产出量也是很大的，各项指标
的排列、组合情况也很复杂，应该具体件具体分析。

偏黄、偏蓝的绿色翡翠，则视其偏黄、偏蓝的程度，相应降
分。

翡翠（无色）的指标只有三个：透明度、质地和净度，因而它
们的综合评价也相对简单一些。按照透明度、质地、净度三项指标
打分的原则，其综合评分为10分的，评为F级；9分以上的，评为G
级……；5分以下的，评为L级。

翡翠（紫色）是受到人们喜爱的颜色，它高贵、典雅而又有些
神秘莫测，它是很多欧洲皇室的皇家色，受到很多人的追捧。

书中自有千钟粟，书中自有黄金屋，书中自有颜如玉。

——宋 赵恒

▶ 紫色翡翠 >>>>>

紫色翡翠在自然界中稀少而珍贵，在我国民间将其称为"春"，万紫千红总是春，紫色是"春"色。紫色翡翠的紫有浅紫、粉紫、蓝紫、深紫等，其中浅紫、粉紫多，深紫很少。俗话说"十春九豆"，即：紫色翡翠大多透明度、质地差。因此，它们的综合评价也较绿色翡翠简单得多。

翡翠件的

Pingjia yu Chuangzuo

评价与创作

紫色玉璧

粉紫蝉

蓝紫葡萄

粉紫如意

浓艳的紫色翡翠很少，即使透明度、质地不怎么好，也属珍品；假如遇到浓艳的紫色翡翠，透明度、质地、净度又好，那就是极品，其价值等同甚至高于特高级的绿色翡翠。

浅紫色、粉紫色、蓝紫色翡翠是大量存在的，其分级也可按透明度、质地、净度三项指标的综合评分，分成F、G、H、I、J、K、L等七级。

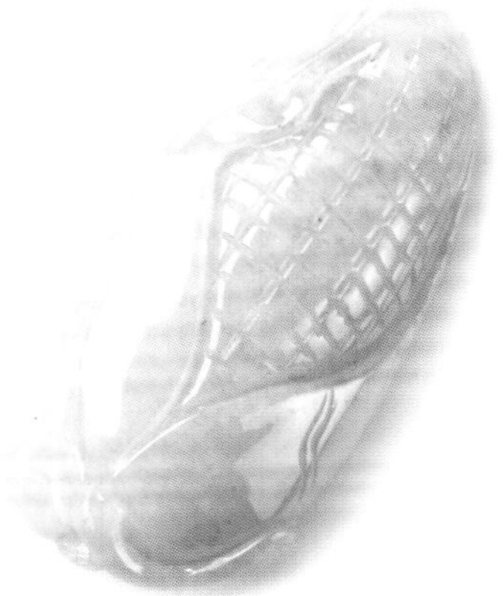

蓝紫玉米

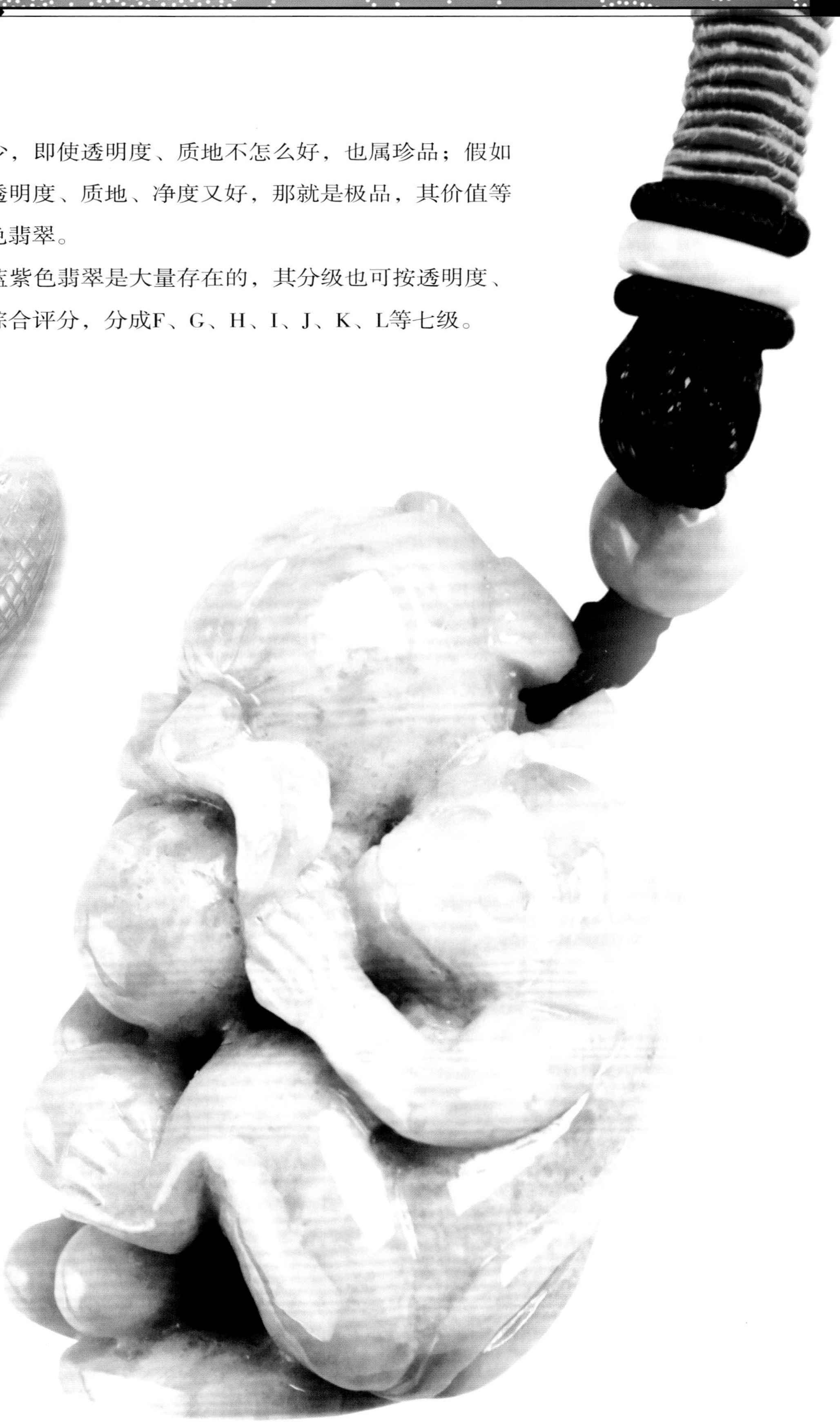

深紫色灵猴献桃

螭龙教子

翡翠件的评价与创作

Pingjia yu Chuangzuo

▶ 红、黄色翡翠 ＞＞＞＞＞

翡翠（红、黄色），俗称"翡"。红色和黄色是次生颜色，因而单独的黄色翡翠、红色翡翠——"翡"，其价值不是太高，但是这些色在翡翠件中如何处理得好，能起好的衬托作用，能提高整个翡翠件的价值。

［二］ 翡翠件整体的价值分析

翡翠件整体价值分析包括：

1.翡翠件的工艺评价；2.翡翠件的质量和不均匀性；3.翡翠件的双色、多色和俏色分析；4.翡翠件的瑕疵分析。

▶ 翡翠件的工艺评价 ＞＞＞＞＞

工艺评价包括材料应用设计评价和加工工艺评价两个方面。材料应用设计评价包括材料应用评价和设计评价，加工工艺评价包括磨制（雕琢）工艺评价和抛光工艺评价。

材料应用的总体要求是：材质、颜色取舍恰当，翡翠的内、外部特征处理得当，量料取材，因材施艺等。

设计的总体要求是：主题鲜明，造型美观，构图完整，比例协调，结构合理，寓意美好。

磨制工艺的总体要求是：轮廓清晰，层次分明，线条流畅，点面精确，细部特征处理得当。

抛光工艺的总体要求是：抛光到位，平顺、光亮。

表2 翡翠工艺评价及表述方法

品质因素		肉眼观测特征	评价结论
材料应用设计	材料应用	材质、颜色与题材配合贴切，用料干净正确，内外部特征处理得当	材料取舍得当
		材质、颜色与题材配合基本贴切，用料基本正确，内外部特征处理欠佳，局部有较明显缺陷	材料取舍欠佳
		材质、颜色与题材配合失当，用料有明显偏差，内外部特征处理失当，影响整体美观	用料不当
	设计	造型烘托材料材质颜色美，比例恰当，布局合理，层次清晰，安排得体	造型优美，比例协调
		基本按材料材质颜色特点设计造型，比例基本正确，布局主次不够鲜明，安排欠妥	造型美观，比例基本协调
		未按材料材质颜色特点设计造型，比例失调，布局紊乱，安排失当	造型呆板，比例失调
加工工艺	磨制工艺	轮廓清晰，层次分明，线条流畅，点线面刻画精准，细部处理得当	雕琢精准细腻
		轮廓清楚，线条顺畅，点线面刻画准确，细部处理欠佳	雕琢细致，局部欠佳
		形象失态，线条生硬，点线面刻画不准确，整体处理欠佳	雕琢较粗造
		表面平顺光滑，亮度均匀，无抛光纹、折皱及凹凸不平	抛光到位，均匀平顺
		表面较平顺，亮度欠均匀，局部有抛光纹、折皱或凹凸不平	抛光基本到位，较均匀平顺
		表面不平顺，亮度不均匀，有抛光纹、折皱，局部凹凸不平	抛光较粗糙

"翡翠分级"国家标准将上述翡翠工艺评价及表述方法列入资料性附录，这是严谨的、科学的做法，因为翡翠件作为艺术品有很大的自由创作空间，限制过多过死，不仅于事无补，还会适得其反。但是一些共性的、基本的要求还是提了出来，这样有利于翡翠件的加工和工艺评价。

凡是材料取舍得当，造型美观，比例基本协调，雕琢细致，抛光基本到位，比较均匀平顺的翡翠件，都可以判为工艺合格。

凡是用料不当，造型呆板，雕琢粗糙，抛光也不到位者，则判为工艺有缺点。在翡翠件的整体评价中要乘以一个小于1的系数。

凡是材质、颜色利用得好，题材意境深邃，能引起思索和遐想，雕琢和抛光均到位者，可视为优秀。在翡翠件的整体评价中，应乘以一个大于1的系数。

▶ 翡翠件的质量和不均匀性 >>>>>

翡翠件的质量是翡翠件整体价值的重要因素，在同样材质、同样工艺水平的条件下，翡翠件的质量越大，其价值就越大，而且这种正相关关系不是按算术级数在增长，而是按照公比大于1的几何级数在增长。这是宝石学的一条普遍规律，对于高档宝石尤其是这样。

一枚2克拉的标准钻石，其价值大于2枚1克拉的同等质量的钻石；一枚4克拉的标准钻石，其价值大于2枚2克拉的同等质量的钻石，而且其价值比，要比第一种情况还大。

红宝石也是这样，一枚2克拉的红宝石，其价值大于2枚1克拉的同质、基本同形的红宝石。

对于翡翠也是这样，为简化其他外部因素的影响计，我们以翡翠圆珠为例：高档的直径为10毫米的翡翠圆珠，若其价值为A，则同样是

如意牌

翡翠件的评价与创作
Pingjia yu Chuangzuo

高档的直径为20毫米的翡翠圆珠，其价值不是8A（因为圆珠体积=4/3×πR³，直径增加到2倍，其体积增加到8倍，质量也增加到8倍），而要远大于8A，可能是16A，也可能更大。同理，高档的直径为5毫米的翡翠圆珠，其价值不是1/8A，而要小于1/8A，可能是1/16A，也可能更小。

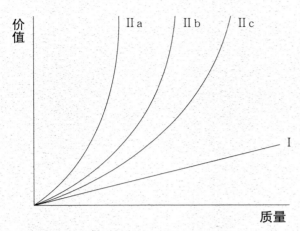

商品的质量与价值关系的示意图

Ⅰ 一般商品呈直线关系。

Ⅱc 中档宝玉石的曲线，比较缓。随着质量的增加，价值增加得比较缓慢。

Ⅱb 较高档宝玉石的曲线，较Ⅱc曲线更陡。随着质量的增加，价值增加得比较快。

Ⅱa 高档宝玉石的曲线，比较陡。随着质量的增加，价值增加得特别快。

翡翠是自然界的产物，翡翠的颜色、透明度、质地、净度等，不均匀性是客观存在的、避免不了的。轻度的不均匀性是允许的、合格的。若翡翠件的颜色、透明度、质地、净度中的一个或多个因素不均匀，且不均匀程度不可忽视时，应对不均匀因素进行评价。轻则打折，重则降等，本着就低不就高的原则，降到低的等级。

▶ 翡翠件的双色、多色和俏色的分析 >>>>>

在自然界中，翡翠具有红、黄、紫、绿、白、黑等多种颜色，翡翠件的多色性，不仅体现在几吨、几千克的大件上，而且也体现在几十克、几克的小件上。

畅饮了翡翠似的绿荫和金子般的阳光酿造的余暇的醇醪、畅饮了田野上挥舞雾纱的迷醉雨天的甘美。

——泰戈尔

若设计、加工处理得好，则能为翡翠件增光添彩，特别是俏色处理得好，起到了画龙点睛的作用，则应给予加分。

▶ 翡翠件的瑕疵分析 >>>>>

翡翠件的瑕疵从外部来看有：破口，翡翠表面破损的小口；刮伤，翡翠表面细小的划伤痕迹；抛光纹，抛光不当所致的线状痕迹；纹理，翡翠中由板状或片状矿物近乎平行排列而呈现的纹相，俗称"石纹"；裂纹，翡翠中晶体的连续性和完整性遭到破坏而产生的裂隙。翡翠件的内部瑕疵有：点状物，翡翠中的点状内含物，可呈白、灰白、黄、褐、黑等颜色；絮状物，翡翠中的棉絮状、丝网状内含物，可呈白、灰白、褐、黑等颜色；块状物，翡翠中的块状、团块状内含物，呈白、灰白、褐、黑等颜色；解理，组成翡翠的矿物晶面和解理面呈现的点状、片状闪光，俗称"翠性"；还有纹理和裂纹。

上述瑕疵，对于高档翡翠件来说是不允许存在的，美玉有瑕，价值上要打一个很大的折扣。但对一般的翡翠件来说，内在的点状物、絮状物、块状物、解理、纹理，只要不影响美观，一般可以不计；外在的小破口、解理、刮伤、抛光纹等，一般也可以不计；只有内在的大"石纹"、大裂纹，外在的纹理、裂纹才会影响翡翠件的价值，通常按纹理、裂纹的部位和大小，价值上要打一个相应的折扣。

三　翡翠件的历史人文价值

　　翡翠件的创作历史虽然不是很长，在明末清初随着翡翠原石传入中国而逐渐兴起，但由于其材质的特点——硬度高、颜色丰富多彩，透明度高，具有玻璃状或油脂光泽，十分诱人，很快就得到了帝王和王公贵胄的喜爱，被称为帝王玉，因而其历史和人文价值是很高的。

　　从乾隆皇帝到慈禧太后，到近代的宋美龄，无一不是翡翠迷。

　　纪昀的《阅微草堂笔记》记载，《阅微草堂笔记》成书时（乾隆五十七年，公元1792年）翡翠已经被视为珍稀之物，其价值远远超过和田羊脂玉。纪昀还感慨，前后不过五六十年，翡翠的物价已经发生了如此重大的变化。"艳夺春波，娇如翠滴"的翡翠及翡翠件，由于乾隆皇帝的喜爱，逐渐成为宫廷显贵们的新宠。

　　慈禧太后对翡翠的珍爱与历代的统治者相比是空前的。当时的满、汉达官权贵纷纷向太后进贡翡翠，来博取慈禧的欢心。她居住的长春宫里随处可见各种翡翠用品。这些翡翠珍品中，慈禧最钟爱的是一对红、黑、绿三色的翡翠西瓜，随同她的去世也一起入葬。

　　宋美龄继慈禧太后之后成为20世纪翡翠时尚的引领者。她一生收藏了不少翡翠，经常佩戴翡翠饰品出席各种重要场合，直到2003年去世。翡翠伴随宋美龄度过了漫长的人生岁月。

　　此等翡翠件，其历史人文价值系数不是1倍、2倍的提升，而是几十倍、上百倍的提升。

当然，说到翡翠的历史人文价值，最著名的还是故宫的镇宫之宝——现在台北故宫博物院收藏的"翠玉白菜"。"翠玉白菜"原是清朝永和宫的陈设器，长187毫米，宽50.7毫米，高91毫米。"翠玉白菜"是由一整块半白半绿的翡翠，运用玉料天然的光彩散布雕琢而成。绿处雕成菜叶，白处雕成菜帮，在绿色最浓之处还攀爬着两只小憩的螽斯虫（俗名"纺织娘"或"蝈蝈儿"）。白菜寓意家世清白，"蝈蝈儿"则有子孙绵延之意，是件富有寓意的翡翠件。

这件翡翠雕件是如何进入清宫的呢？这里还有一段有趣的故事。光绪十四年六月十九日（公元1888年7月27日），慈禧颁发了给光绪帝举行大婚及亲政的懿旨，同年十月初五，慈禧再颁懿旨，确定副都统桂祥之女叶赫那拉氏为皇后；礼部侍郎长叙的两个女儿他他拉氏为妃，15岁的姐姐封为瑾妃，13岁的妹妹封为珍妃。

作为父亲的长叙为姐妹俩各准备了丰厚的嫁妆，长得矮胖的姐姐爱财就给她许多金银珠宝，长得清秀小巧的妹妹爱读书，陪嫁的箱子里面全是书。长叙把这件翠玉白菜作为补偿给了珍妃。其后，当八国联军进入北京前，珍妃被慈禧迫害致死，瑾妃由慈禧、光绪帝带着逃往西安。辛丑条约签订后，瑾妃随慈禧等返回北京，就占有了这颗"白菜"，并始终放置在自己的寝宫——永和宫内，直至清室灭亡。

从北京故宫1925年的第一次展出，到抗日战争前的文物南迁，从抗战胜利后的文物回归，再到新中国成立前的文物迁台，这棵翡翠白菜始终是"名角"。在台北故宫建成并开展后，这个翡翠白菜成为台北故宫展览的"招牌菜"。几乎所有有关台北故宫报道、照片，这颗翡翠白菜都登载在最显著的位置；几乎所有的台北故宫参观者，都以一睹翡翠白菜的美貌芳容为快。因此，要论这棵翡翠白菜的历史人文价值、广告宣传价值，恐怕要评在十亿元以上。

除了前面述及的顶级翡翠件外，还有很多具有历史人文价值的翡翠件，名人名家用过的翡翠件，名师名匠雕琢的翡翠件，若传承有序、著录有据，其历史人文价值也应该是很高的，在评价上应乘以一个远大于1的系数。

翡翠件的

评价与创作

Pingjia yu Chuangzuo

金屋妆成娇待夜，玉楼宴罢醉和春。

——唐 白居易

由于翡翠件创作的惯例是不留名，周转的圈子也比较小，仅在上层的部分人士，因而，上述翡翠件的数量也是极其有限的。为此，作者建议把范围扩大一些，到老货、老物件。其时间界限划在民国前（包括民国）。对于民国前的老货，也应重视，在评价上也应乘以一个大于1的系数。这些老货，不仅有历史价值，而且其艺术价值也有很多独到之处。

作者手头有几件老货，在此与大家共赏。

1.圆雕件——貔貅

　　老货体态修长，姿态自然、微曲，充满活力和动感。特别值得一提的是鬃毛雕得栩栩如生，有层次，对比鲜明，把鬃毛和皮毛分得一清二楚，质感很强。

　　再看新货体态臃肿，短粗胖、直白，像个模型，一点活力和动感都没有。鬃毛根本没雕，皮毛动物的质感一点也没有。

与过去的玉工相比，现代雕刻师队伍是船坚炮利，设备好，而且是电动的；用的是金刚砂刀具（当然绝大部分是人造金刚砂），锐利无比。为什么设计还这么简陋、工艺还这么粗糙呢？学一学前人有多好！当然，在学习、继承的基础上，再有所创造就更好了。

2. 小孩抱竹吊坠（谐音：祝福吊坠）

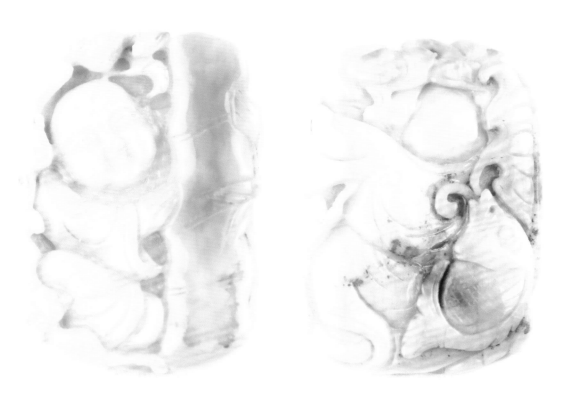

老货利用难得的一块绿色雕成一段竹子，天真的孩子双手抱着，满心喜欢，周边还配有多只蝙蝠。背面还雕有孩子的背影、鱼等吉祥物。

新货对于这样一块绿色，仅是挖了出来，雕成一个不怎么令人满意的吊坠。

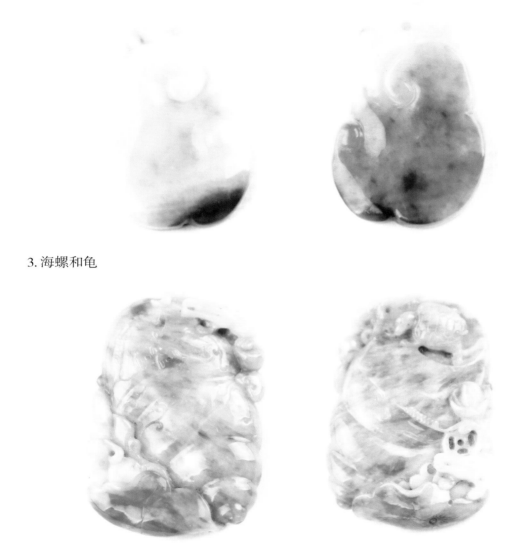

3. 海螺和龟

老货只讲究绿，不怎么讲究透明度。因而在这块较绿的材料上，着意雕刻了一枚大海螺，在海螺的口部，还雕了一只小龟，周边还雕了两条鳄鱼、荷叶和花等。真是不惜工本，把工做足、做满！

从上述几个例子中可以看出：翡翠件的创作，不必苛求材质，而在于发现和创造美。

要系统研究翡翠行业的历史，特别是新中国翡翠行业的沿革、变化和现状。要系统研究翡翠行业的名家、名师的生平和艺术成就，凡是记录在案、有定论的名作，在评价中应乘以一个远大于1的系数。

第三节

【首饰件的价格】

价值规律指出，商品的价格归根结底是由其价值决定的，但它不是一成不变的，随着供求关系的变化而波动。市场上商品供过于求，商品的价格就会下跌；反之，供小于求，商品的价格就会上升。翡翠件也是这样，它的价格是由其内在价值所决定的，但又会随着供求关系的变化而波动，有时甚至会波动得很厉害。

翡翠是主要由硬玉及其他钠质、钠钙质辉石组成的矿物集合体。起初，西方人甚至将它称为"帝王玉"，但是不将它归属于宝石，因为根据传统西方宝石学的定义：宝石是单晶体或者是晶体的一部分。当然，这是传统宝石学对宝石的狭义定义。现代宝石学对宝石的定义不仅包括无机矿物，而且还包括有机矿物（如：琥珀、珊瑚等）。钻石、红宝石、蓝宝石、祖母绿宝石、碧玺等都是单晶体或者碎裂的晶体（晶体的一部分）。而翡翠则是矿物的晶质集合体，单矿物晶粒很小，组成的集合体则很大。由于上述原因，在很长的一段时间里，翡翠只是在东方得到认同。随着时间的推移、东西方文化的交融，翡翠以它特有的魅力：高的硬度、诱人的艳绿、灵动半透明的光泽……逐渐征服了西方收藏家。20世纪中叶以来，高档翡翠终于进入了世界一流宝玉石的行列。据作者掌握的资料，上世纪80年代，一枚种好、地净、水头足、满绿的标准戒面，也即F级的翡翠标准戒面，其价值和重1克拉、标准切割、颜色为D级、净度为FL或者IF的钻石等价，价格

翡翠件的
评价与创作
Pingjia yu Chuangzuo

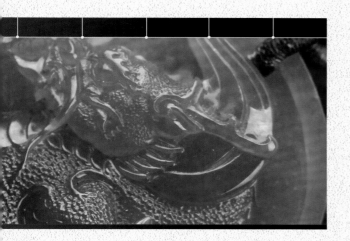

为一万美元左右。据此，高档翡翠获得了进入西方高档消费市场和高级拍卖市场的通行证。国内翡翠的价格也以此为起点，万变不离其宗地推导出各种各样翡翠件的价格，这是翡翠件价格与世界接轨的起点。

但是，在多次炒作中，有些人被财富冲昏了头脑，扬言：蓝绿翡翠，不论规格大小，每克拉价格等同于钻石；黄绿翡翠，不论规格大小，每克拉价格等同于钻石；水绿翡翠，不论规格大小，每克拉价格等同于钻石。这种说法是完全没有根据的，也是根本经不起市场检验的。

F级的标准戒面，其尺寸为：18毫米×13毫米，艳绿、饱满、均匀，其质量约为4克，等于20克拉（1克=5克拉），才等同1克拉的钻石。1克拉的翡翠小粒和1克拉的钻石价格差了上百倍，怎么可能等同呢？

改革开放30年来，情况又发生了变化。其一是喜欢翡翠、热爱翡翠的中国人富裕了、有钱了；其二是实践证明，高档翡翠越开采越少，越来越难得，因而高档翡翠的价格涨得比钻石还快。据不完全统计，翡翠标准戒面的价格涨了十倍以上。一枚高档的标准戒面，价格在人民币80万元左右（约12万美元）。

宏观来看，材质价值超过H级的高档翡翠件是最难得的，质量大的、难度系数大的涨幅最大，其价格涨幅在十倍以上。材质价值等级在I～K级之间的翡翠件，可称之为中档翡翠件，三十年来也不同程度地上涨了2～4倍。只有材质价值等级为L级的翡翠件，即低档翡翠件，这三十年来越产越多，除了少数工艺性特别好的、惹人喜欢的涨了1～2倍，大多数低档翡翠件，只能是跟着加工费的涨价而涨一点价。有些存货的价格甚至连加工费都抵不上。

下面以大家最常用的、最喜爱的翡翠吊坠为例，来深入讨论翡翠首饰件的价格。

我们以质量为8克，形状各异（如意、葫芦、心形、叶子、福豆等吉祥物），工艺合格，高级（G级）的翡翠吊坠为价格参照件，其价格为24万元。在数以千计、万计的翡翠吊坠中，和上述价格参照件相比，可能出现下列八种情况：

以上图片由菜百提供

1	材质基本相同，但质量较之为大
2	材质基本相同，但质量较之为小
3	质量基本相同，但材质较之为高
4	质量基本相同，但材质较之为低
5	材质等级较之为高，质量较之为大
6	材质等级较之为低，质量较之为小
7	材质等级较之为高，质量较之为小
8	材质等级较之为低，质量较之为大

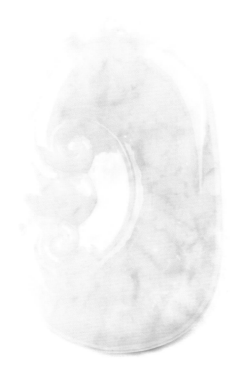 

上述八种情况，价格计算公式分别为（价格以万元计）：

1	材质基本相同，但质量较之为大，其价格	24×（W1/8）×N1
2	材质基本相同，但质量较之为小，其价格	24×（W2/8）×N2
3	质量基本相同，但材质较之为高，其价格	24×N3
4	质量基本相同，但材质较之为低，其价格	24×N4
5	材质等级较之为高，质量较之为大，其价格	24×（W5/8）×N5
6	材质等级较之为低，质量较之为小，其价格	24×（W6/8）×N6
7	材质等级较之为高，质量较之为小，其价格	24×（W7/8）×N7
8	材质等级较之为低，质量较之为大，其价格	24×（W8/8）×N8

其中，系数N可称为难度系数，表示此材料在自然界获得的难易程度的系数。N值越高，获得的难度也越高；N值越低，获得的难度也越低。当然，反映在价格上，获得难度越高的材料，价格也越高；获得难度越低的材料，价格也越低。

难度系数不可能由公式计算得出，也不可能由仪器测定，只能由价格评估师决定。但这个决定绝不是单纯的拍脑袋，而是以一些基本的规律作为依据的综合评价：

▶ 1.翡翠件的评价要贯彻国家标准 ＞＞＞＞＞

价格评估师不仅要熟悉传统的评价方法，而且要熟悉国家标准，要做贯彻、执行国家标准的带头人和模范。

关于绿色的评价，传统上常说浓、艳、正、匀四个字。

浓，就是说绿色要浓、彩度要高。艳，有的说鲜、阳、俏，指的是同一意思，就是绿色要鲜艳、饱满、活泼、阳光、美俏、明度要高。正，指的是颜色要正绿，不要偏蓝或偏黄。匀，有的说"和"，指的是颜色要均匀、和谐。

关于种、地、水的评价，传统所说的种有广义的和狭义两个方面的含义。广义的种，实际上指的是翡翠的DNA，它的影响涉及翡翠的颜色、质地、透明度、净度等方方面面；广义的种，其涵盖面

螭龙福瓜手把件

龙游竹林手把件

太广，在实践中很难掌握、运用。由此，一句"老坑种"，就等于肯定了一切；一句"新坑种"，就否定了一切；"新老坑种"则处于中间状态。狭义的种，只指翡翠的细腻程度和透明度，与地、水之和基本相同。地也称底、底瘴或底张，指的是翡翠颜色的载体，因而称为地或底。瘴气是云南亚热带丛林中空气弥漫污染的现象，云南民间玉商在长期的交流中将之引用，以"底瘴"来表示翡翠中的主色和相衬的背景色、色调、晶体颗粒粗细的关系，"底瘴"念白一点就成了"底张"，相当于国画的纸张。当翡翠的背景色调偏灰时，称为"底灰"；泛蓝时，称为"底偏蓝"。当晶体颗粒小，质地细腻时，称为"底子细"、"肉细"；当晶体颗粒大、质地粗糙时，称为"底子粗"、"肉粗"。当翡翠的底中存在很多灰黑色和锈色的杂质时，称为"底脏"。水指的是透明度，当翡翠的透明度高时，称为"水头长"；当翡翠的透明度低时，称为"水头短"或直接称为"干"。有的还按透明度的高低，分为"三分水"、"二分水"、"一分水"，当然，"三分水"的透明度为最高。

上述传统的术语和评价方法，在历史上曾起过很好的作用，其中大部分在当今还为人们所津津乐道，应用在翡翠的生产贸易之中。在国家标准的编制中，也充分考虑了历史的传承，并按科学发展要求，将它们进一步规范化、定量化。

以传统的玻璃地、底子灵、水头长的高绿翡翠为例，国家标准将它规范为下列几点：

浓（ch_2）肉眼观测特征	反射光下呈浓绿色，颜色浓艳饱满；透射光下呈鲜艳绿色。色纯度参考值$45 \leq ps < 65$，色卡彩度参考值$65 \leq c < 85$		
极浓（ch_1）肉眼观测特征	反射光下呈深绿色至墨绿色，颜色浓郁；透射光下呈浓绿色。色纯度参考值$ps \geq 65$，色卡彩度参考值$c \geq 85$		
翡翠（绿色）色调类别及表示方法	绿（G）	肉眼观测特征	样品颜色为纯正的绿色，或绿色中带有极轻微的、稍可察觉的黄、蓝色调。光谱主波长参考值（nm）$500 \leq \lambda < 530$
翡翠（绿色）明度级别及表示方法	明亮（V_1）	肉眼观测特征	样品颜色鲜艳明亮，基本观察不到灰度。色卡灰度标尺参考值$G < 10$
翡翠（绿色）透明度级别及表示方法	透明（T_1）	肉眼观测特征	反射观察，内部聚光较强；透射观察，大多数光线可透过样品，样品的内部特征可见。单位透过率参考值$t \geq 75$，商贸俗称"玻璃地"
翡翠（绿色）质地分级：	质地非常细腻致密	肉眼观测特征	10倍放大镜下难见矿物颗粒，颗粒粒径$d < 0.1$
翡翠（绿色）净度级别及表示方法	极纯净（C_1）	肉眼观测特征	肉眼未见翡翠内外部特征，或仅在不显眼处有点状物、絮状物，对整体美观几乎无影响。典型内外部特征类型：点状物、絮状物

一块翡翠，其彩度为Ch_2，色调为G，明度为V_1，透明度为T_1，质地为Te_1，净度为C_1，即为高档艳绿翡翠。

一块翡翠，其彩度为Ch_1，色调为G，明度为V_1，透明度为T_1，质地为Te_1，净度为C_1，则按其彩度的深浅，较浅的可称为高档祖母绿翡翠，更深的可称为：高档墨绿翡翠。它们也都是高档翡翠。跟艳绿翡翠相比，究竟哪个更高一些呢，历来就有各种说法，见仁见智。从群众的爱好和市场行情来看，艳绿翡翠要更高一些。但是，假以时日，买家的追捧、市场的行情是否会有变化，尚难预卜。

以上图片由菜百提供

祖母绿吊坠　　　　　　　　　　墨翠吊坠

▶ **2.材质是决定价格最敏感的因素** >>>>>

比较保守地估计，材质上升一级，难度系数为3；降一级，难度系数为1/3。

I、J、K级为中档货，由H级降为I级，其难度系数要小于1/3。其后，I级降为J级，J级降为K级，其难度系数更要小于1/3。

L级为低档货，根本无法与中、高档货比较，其价格可按成本加利润直接定价。

▶ **3.质量是决定价格的重要因素，材质等级越高，其公比值越大** >>>>>

质量的变化对价格的影响是按照公比大于1的几何级数在增长，而且材质等级越高，其公比值越大。

F级翡翠件质量的变化，价格反映上也很敏感。有时质量增加几克，价格就可能翻番，因为这是顶尖珍品之间的竞争，多几克也许就是目前存世最大最好的，少几克则只能沦为老二、老三。

▶4.正确对待优中选优的竞争 ＞＞＞＞＞

F级翡翠件其材质变化还是很多的。国家标准对彩度、明度、透明度、质地、净度等指标均有最基本的要求，但上不封顶，因而其价格还是不一样的，本着优中选优的原则，货比货，更优的其价格应该更高。这就像射击、射箭运动中的十环一样，靶心十环，本身也是一个圈，有一定面积，根据中的离几何中心的距离，还可以细分为10.1、10.2……10.9环一样，F级翡翠件的材质还可以细分为好多等。完美是一个反复对比、十分艰难地逐步趋近的过程。真是只有更好，没有最好！

优中选优的过程，其实是一场"斗宝"的过程。在拍卖场中，翡翠件的价格可以炒得很高。这个价格也许有泡沫，过一段时间会因泡沫破裂而下降；也许是追求的人多，其价格从此上了一个新台阶，一切有待时间的考验。

高档翡翠件由于其硬度高、磨损小，物理化学性质稳定，不易氧化、变质、变形、变色，保管、收藏、欣赏、把玩不那么"娇气"，不像高档字画等藏品保管、收藏要求高，长期挂着怕褪色，反复卷起怕折损，放着还怕发霉、虫蛀，只可短暂欣赏，不可长期把玩。

高档翡翠件以它很小的体积、质量，蕴含着很大的价值且恒定可靠，便于把玩，携带方便，安全保密，赠送、传承都很相宜。它是世上难得的实用、装饰、把玩、收藏兼具的保值、增值珍品，理所当然地受到世人的追逐，其价格一再跃上新台阶，也是不足为奇的！

翡翠件的评价与创作

Pingjia yu Chuangzuo

● 5.其余各种颜色翡翠的评价 〉〉〉〉〉

无色翡翠的评价就看透明度、质地及净度三项指标，其价格为同类绿色翡翠件的5%～20%。

无色翡翠的品质越高，这个百分比值就越高。透明度高、质地特别细腻、目测看不见瑕疵的高档件，这个比值可达20%。H级以下级别者，这个比值仅为5%。白色翡翠其白色是由于翡翠的结构松散，硬玉颗粒之间的空隙残留空气或其他物质而造成的，因而其评价都较低。

透明度高、质地非常细腻、微晶排列整齐有序者，光线经过一系列的入射、折射、反射，产生的聚光性强，光斑明亮、耀眼，俗称起荧。这是无色翡翠高品质的重要标志之一。

其实，翡翠件的起荧，不仅与其材质的细腻、微晶的排列有关，而且与翡翠件的形状、加工工艺也有关，它是翡翠件各部位光线的入射、折射、反射综合作用的结果。

对紫色翡翠的评价：高档紫色翡翠的基础条件是透明度要高，质地为Te_1，净度为C_1，对紫色的要求是：浓、艳、正、匀，即紫色要浓、鲜艳、饱满、均匀。高档紫色翡翠是极其难得的，其价格等同于高档的绿色翡翠件。

浅紫色、粉紫色、蓝紫色的翡翠件与其类似的绿色翡翠件相比，价格仅为其20%左右。当然，紫色越浓艳，这个百分比值也就越高。

蓝色翡翠件的价格评定，首先要看基础条件——透明度、质地和净度三项指标。若其色彩正、匀，且不发灰，则按基础条件类似的绿色翡翠件的20%计价；若其色彩发灰，则按20%以下计价；若色彩既浓且艳，则按其浓艳程度提高其计价的百分比。

钗头玉茗妙天下，琼花一树真虚名。

——宋 陆游

翡翠中的红色、黄色一般作配色、俏色使用，单独成件的很少。一旦单独成件，其价格评定也要看其基础条件。红色、黄色翡翠件的价格评定首先要看其基础条件——透明度、质地和净度三项指标，而后再看颜色。红色、黄色的翡翠一般都不会是纯红、纯黄色，而是带有褐色、灰色，这样的翡翠件，其价格为绿色翡翠件的10%左右。若其红色、黄色比较纯，则可以提高其计价百分比；若为艳红、金黄、明黄、嫩黄（俗称鸡油黄），这个百分比值可以再提高。

黑色翡翠件的价格评定首先也要看基础条件，而后看颜色。若为浅黑、灰黑色，其价格为同类绿色翡翠件的5%以下；若为纯黑色、黝黑色，这个百分比值可以相应提高一些。

价格评估师除了掌握这些基本规律外，经验也很重要，看的东西多、经手的东西多、商场行情和拍卖结果了解得多，做出的评估就越准确。

下面我们联系实际，进行逐项讨论。

1.若质量为12克，则N1=1.2，其价格（价格以万元计，下同）：

24×（12/8）×1.2=43.2

若质量为16克，则N1=1.5，其价格：24×（16/8）×1.5=72

2.若质量为6克，则N2=0.6，其价格：24×（6/8）×0.6=10.8

若质量为4克，则N2=0.4，其价格：24×（4/8）×0.4=4.8

3.若材质等级为F级，则N3=3，其价格：24×3=72

4.若材质等级为H级，则N4=1/3，其价格：24×1/3=8

5.若材质等级为F级，质量为12克，则N5=3×2=6，其价格：

24×（12/8）×6=216

6.若材质等级为H级，质量为6克，则N6=1/3×0.6=0.2，其价格：

24×（6/8）×0.2=3.6

7.若材质等级为F级，质量为6克，则N7=3×0.8=2.4，其价格：

24×（6/8）×2.4=43.2

8.若材质等级为H级，质量为12克，则N8=1/3×1.2=0.4，其价格：

24×（12/8）×0.4=14.4

在对吊坠的价格分析清楚后，再回头来分析戒面、珠子（项链）、镯子的价格就比较容易了。

F级的标准戒面为80万元，等级较之为低、尺寸和质量较之为小的戒面，其价格就要经受因降级而打折，质量减少而打折的双重折扣，因此，其价格会大受影响。即使是F级，其尺寸和质量较之为大的戒面，首先要进行工艺评价，看看此尺寸是否适合做戒面，比例是否恰当，光学效果是否好？若一切合格，其价格可在质量比的基础上，再乘上一个大于1的难度系数。

尽管F级的质量为20克拉的标准戒面价格为80万元，但F级的质量为1克拉的翡翠小粒，其价格绝不是80/20=4万元，而是四千元、四百元都不到。因为1克拉的翡翠小粒在开采中还是十分容易得到的，相对于标准戒面来说，其难度系数不到0.1、0.01。

下面以作者的亲身经历来说明这一问题。上世纪80年代中期，以五千美元（当时1美元的汇价为人民币7元多，市场价为8到10元），人民币四万

元左右，征集高翠、满绿的标准戒面，应者寥寥，而且真货很少。但是，0.5克左右（1～4克拉）的翠绿小粒，就其材质看在H级～F级之间，号称100粒一小包（有的80多粒，有的100粒多一点），主要做配镶或群镶用，少部分可以镶耳钉、耳环，个别的可以镶女式戒指。这样的一小包，要价也仅100元，一般70～80元就成交。均价0.8元/粒。到了2010年左右，一个F级标准戒面，价格在80万左右，数量还是不多，要买就得抓紧。而一小包100粒的翡翠小粒，要价为1万元，一般7000～8000元成交，均价80元/粒，我们从中可以看出：相对于一克拉的翡翠小粒而言，标准戒面的难度系数不是几倍、几十倍、几百倍，而是千倍以上；相对于标准戒面，1克拉左右的翡翠小粒，其难度系数不是0.1、0.01而是0.01以下。当然，随着翡翠行业的发展、翡翠镶嵌件的普及和流行，作为群镶、配镶用料的高档翡翠小粒其价格也会相应上涨，它与标准戒面的差距也可能（仅仅是可能）会缩小一些，但它们之间差距巨大的事实不会根本改变。

翡
翠
件
的

评
价
与
创
作

Pingjia yu Chuangzuo

翡翠齐火，络以美玉。流悬黎之夜光，缀隋珠以为烛。

——东汉 张恒

对于翡翠圆珠来说，F级直径为14毫米的圆珠，其价格为80万元，与标准戒面相同。等级较之为低，直径较之为小的珠子，其价格则要小得多。因为珠子的体积和质量是和直径的立方成正比的，珠子的直径减小，质量会骤减，再加上等级降低的折扣，这样双重折扣的结果，价格会减很多。

F级直径较14毫米为大的圆珠，越大价格越高。直径越大，质量越大，再乘一个大于1的难度系数，其价格是十分可观的。直径大于20毫米的F级珠子是珍品，世间罕见！其价格要通过拍卖竞争，可能会是个很大的数字。

至于翡翠手镯，其价格参照件为：F级，内径为58毫米，高为10毫米的手镯，其价格为2000万元，为标准戒面的25倍。级别较之为低，尺寸较之为小的手镯，要经由降级等、质量减少的双重折扣，其价格大大减少；翡翠手镯定价中还有一个重要问题，就是材质的不均匀性。因为在整个手镯圈中，材质完全均匀的实在是太少了，材质不均匀的占绝大多数。对材质不均匀的手镯，除了材质降等级的折扣外，还要加上影响美观的折扣，这样双重折扣后，其价格也会大受影响。因此，完美的F级手镯，其价格现在已远远超过2000万元，在拍卖中超过亿元也是可以理解的。这些自然界的珍品，既稀少又不可再生，理应得到人们的热烈追捧、加倍呵护和珍爱！

最后再回答本小节的一个问题：为什么戒面的价格参照件质量定为4克，而各种吊坠的价格参照件质量都定为8克，吊坠质量较戒面大1倍左右，价格才与同级别的戒面基本相当。

这是因为戒面要求艳绿、饱满、均匀，对长、宽、高各项尺寸比例都有要求，不然其首饰效果就不理想。因此，戒面对翡翠原石的要求较高，要磨掉不少材料，其中有的是优质材料。而吊坠是随形制作的，视原石材料形状而定，适宜做什么就做什么，其出材率较高，虽然在加工中也要磨掉一些材料，但优质材料会最大限度地保留下来。

实际上，很多可以做吊坠的材料，不一定能做成很好的戒面。做戒面的材料是原石中的精华，是翡翠原石上闪光的"眼"。

下面对无色、浅紫色、蓝色翡翠件的价格计算，举几个例子。

【例1】

这枚淡绿色飘花无色翡翠，其透明度、质地、净度三项指标的综合评分为H级，质量为12.8克，难度系数为1.2，其价格为：24×（1/3）×10%×（12.8/8）×1.2=1.54万元

【例2】

这枚无色翡翠，其透明度、质地、净度三项的综合评分为G级，质量为18克，难度系数为1.5，其价格为：24×15%×（18/8）×1.5=12.2万元。

【例3】

这枚粉紫色翡翠，其透明度、质地、净度三项指标的综合评分为G级，质量为14.4克，难度系数为1.5，其价格为：24×20%×（14.4/8）×1.5=12.96万元

【例4】

这枚蓝色翡翠，其透明度、质地、净度三项指标的综合评分为G级，质量为5.5克，难度系数为0.6，其价格为：

24×20%×（5.5/8）×0.6=2.2万元

【例5】

这枚蓝绿色翡翠，其透明度、质地、净度三项指标的综合评分为G级，质量为9.9克，难度系数为1.2，其价格为：

24×20%×（9.9/8）×1.2=7.1万元

根据本评价体系计算得出的翡翠件的价格，可称为翡翠件的理论价位，其实际价格区间会是理论价位±50%。一件翡翠，其理论价位为2万元，则其实际定价为：2-2×50%=1万元；2+2×50%=3万元，其价格区间在1～3万元之间。由于翡翠件是高档消费品，又是工艺品，其价格区间是比较大的，价格宽容度也是比较高的。

对于卖方，将翡翠件的理论价位与市场的供销实际相结合，一般稍加修正即可作为商品的定价。若此类商品供应量较大，而销售滞缓，则可采用更大的折扣；若供应量不大而销售通畅，则定价可偏高一些，但不能因为货品紧俏而成倍、成十倍地提价，这种跨越等级的提价，不符合价值规律，属于价格的虚高，市场管理部门应予以制止。

对于买方，掌握这个理论价位，在可以议价的柜台，据此可以和卖方讨价还价。在一口价的柜台，则可以平心静气地衡量价格是否虚高，以免上"喜欢就好，玉无价"的当，因为喜欢，头脑一热，就花了大头钱！

理论价位为10万元的翡翠件，你用5万或5万以下价格买到手，则就占了便宜，肯定能保值、增值。若用15万元买到手，那就接近上限；若特别喜欢，你用20万买到手，那就超过上限了，目前很难谈到增值，只有当翡翠行业保持上涨势头，经过一段时间后才可能增值，若商品标价为30～50万，作者建议你：不论怎么喜欢，一定要压住购买的冲动，捂紧钱袋，转身就走，千万不要犹豫。多逛逛、多走几个商场，多看几个柜台、多比较，一定能挑选出令你更加喜欢、材质上较之高1～2档的商品。作者多年在翡翠市场观察、对比、购买中体会到：玉，招人喜欢，但价格是有区间的。

玉，特别是翡翠，你稍一入门，即会被它的色彩、质感、神韵所迷倒。各种美好的形容词甚至是对立的形容词，放在它的身上，好像都很贴切，如清新、淡雅、平凡、自然、高贵、华丽、神秘、深邃、质朴的气质、梦幻般的意境等等，用在翡翠件的评价上，好像都不过分。而且奇怪的是：不论你当时是什么处境、什么心情和什么朋友一起逛翡翠商城，总有1～2款翡翠件让你心仪，好像它在向你倾诉什么，你也可以向它倾诉什么，像有缘分一样，可以成为感情上的密友，心灵相通的知音。玉、翡翠件是大自然赐予人类的珍贵礼物，却之不恭，受之有愧，让我们好好爱它！

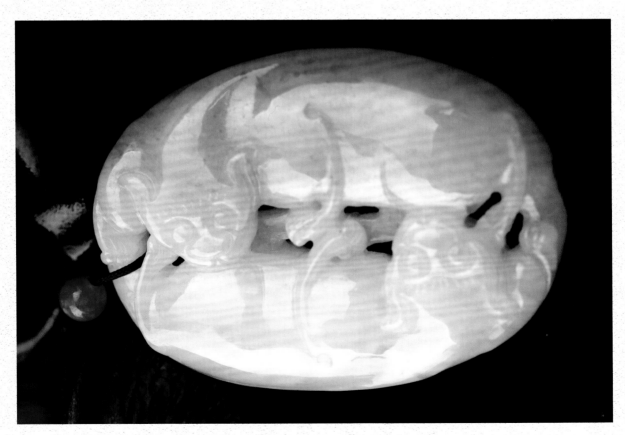

双欢挂件　以上图片由菜百提供

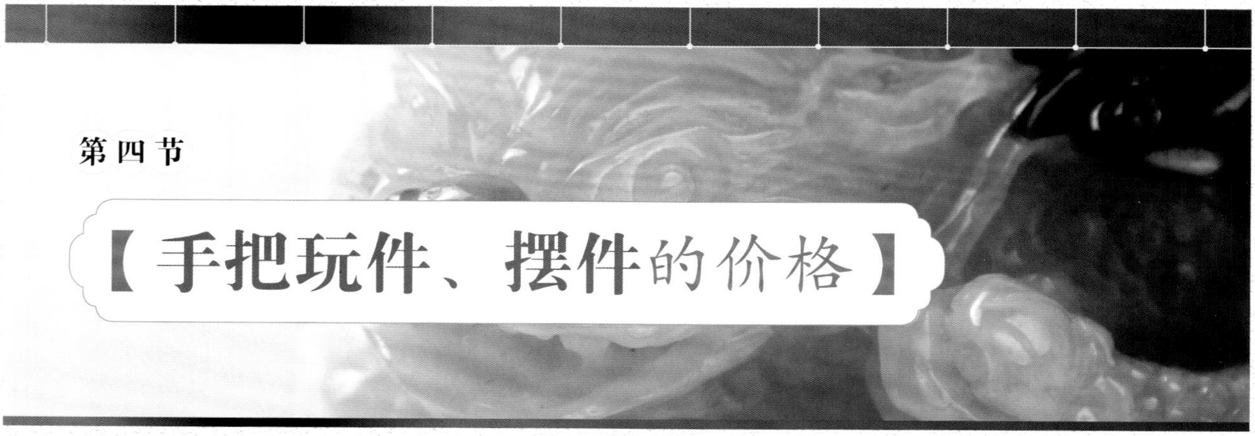

第四节

【手把玩件、摆件的价格】

翡翠件 的 评价与创作 Pingjia yu Chuangzuo

赠君一法决狐疑，不用钻龟与祝蓍。

试玉要烧三日满，辨材须待七年期。

——唐 白居易

手把玩件（简称手把件）、摆件是翡翠件特有的制品，其他宝石（如钻石、红宝石等）很难制成手把件或者摆件（除非和其母岩在一起）。

手把件、摆件同时也是中国特色，自古以来人们就喜欢把玩、佩戴玉件，喜欢摆在案头欣赏玉件。所以，手把件和摆件在中国很流行，在西方则是刚刚起步。因此，关于手把件、摆件的价值和价格需要我们先有个说法。

手把件、摆件，那真是个大千世界。各种材质的翡翠、各个主题的雕件，真是洋洋大观、琳琅满目，如何来评价它们呢？

首先还是要分析翡翠主要价值构成的透明度、质地、净度和颜色及其综合评级，有一个材质价值的评价；然后是审视其工艺性，凡是工艺合格的，其质量可以进入价值计算；第三是与价格参照件对比，按质量比和难度系数，计算其总价值，最后，看瑕疵情况需不需要扣分。

经作者多年调研，**手把件的价格参照件设定为：材质等级为J级，工艺合格，质量120克，无瑕疵的翡翠件，当前的市场价格为3万元**。

一 手把件——螭龙如意

正面是一条螭龙爬在如意上，背面是一柄如意的头。

材质等级为J级，工艺合格，无瑕疵，质量为：121克（带绳子），和参照件相比，质量比为1，难度系数为1，因此，其价格和参照件相同：3万元。

二 手把件——螭龙葡萄盆景

正面下部是一只盆，盆内载一株葡萄，中心是一枚浅绿色的葡萄叶和几颗葡萄，左侧爬着一条螭龙。背面是一柄如意头。

材质等级为J级，工艺合格，无瑕疵，质量为124克

与价格参照件相比，其质量比为：$124/120 \approx 1$

难度系数为：1

因此其价格为：3万元。

【三】 手把件——螭龙玉米

一条螭龙爬在一穗玉米上。

材质为浅紫色翡翠，可与J级绿色翡翠相当，质量为62.05克（带绳），与价格参照件相比，其质量比是60/120=0.5，难度系数为0.8，因而，其价格为：3×0.5×0.8=1.2万元。

【四】 手把件——弥勒佛

弥勒佛俗称欢喜佛，憨态可掬，颈带佛珠，手托如意，十分可爱。

材质等级为J级，工艺合格，无瑕疵，质量为100克，和价格参照件相比，质量比为100/120=0.83，难度系数为0.8，因此，其价格为：3×0.83×0.8=1.69万元。

【五】手把件——鱼化龙戏珠

一条鱼在波涛之中跃起，上半身已化为龙，口衔一珠，下半身还是鱼身。

波涛、衔着珠的龙头、鱼尾雕琢得十分精细，栩栩如生，工艺优良，无瑕疵。材质等级为I级，质量为133.17克，与价格参照件相比，其质量比是133.17/120=1.1，难度系数为3，工艺优良系数为1.2，因而，其价格为：3×1.1×3×1.2=11.88万元。

【六】手把件——双蝶如意

这是一块满绿色的翠、褐黄色的翡结合的材料，黄色的翡上，雕了双蝶和如意；淡绿色的翠上，雕了一条螭龙、一个蜜瓜、一荚花生；右角无色透明的一小块翡翠上，雕了一条八爪鱼。

这是一块三色翡翠，主料的材质等级达到J级，工艺优良，无瑕疵。其质量为233.70克，与价格参照件相比，其质量比是233.70/120≈2，其难度系数为2.5（考虑到质量的增大和三色同时存在两个因素），因而，其价格为：3×2×2.5=15万元。

翡翠件
的
评价与创作
Pingjia yu Chuangzuo

七 手把件——苦瓜

这是一枚苦瓜，侧面爬着一条螭龙。苦瓜寓意人生要先苦后甜，先奋斗后享福，工艺合格，无瑕疵。

此件材质等级为J级，质量为199.58克（含绳），与价格参照件相比，其质量比是199.58/120=1.66，其难度系数为1.2，因而，其价格为：$3 \times 1.6 \times 1.2 = 5.76$万元。

八 手把件——弥勒佛

这是一块浅紫色翡翠的籽料，质地特别细腻，晶莹剔透，净度也特别好。

雕刻师利用此原料，雕琢了一尊弥勒佛，并利用表皮的翡色，雕了几只蝙蝠，构思巧妙，工艺精湛，无瑕疵。其材质等级相当于绿色翡翠的J级，其质量为289.94克，和价格参照件相比，质量比为290/120=2.4，难度系数为3（考虑其材质较好、质量的增大、双色、工艺精湛等因素），因此，其价格为：

$3 \times 2.4 \times 3 = 21.6$万元。

【九】 手把件——螭虎献宝

　　螭虎护着一个宝葫芦来献，前后都有如意，底下还盘着一条螭龙，有翡有翠，工艺精湛，无瑕疵。

　　材质等级为J级，质量为282.59克（含绳），与价格参照件相比，其质量比是282.59/120≈2.3，其难度系数为3（考虑其质量增大和双色、工艺精湛等因素），因而，其价格为：

　　3×2.3×3=20.7万元。

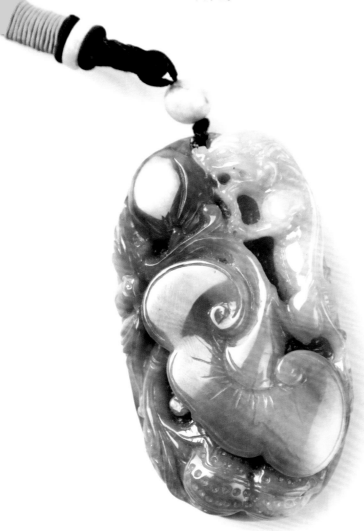

【十】 手把件——螭虎祝寿

　　这是一块绿、紫双色的翡翠，颜色配合、变化非常协调、非常美丽。紫色的螭虎捧着一枚寿桃，还带着一柄如意，来给主人祝寿，寓意非常美好。工艺精湛，无瑕疵。

　　此件材质等级达到J级，质量为148克，与价格参照件相比，其质量比是148/120≈1.2，其难度系数为3（考虑到双色、俏色、工艺精湛等因素），因而，其价格为：

　　3×1.2×3=10.8万元。

摆件的价格参照件设定为：材质等级为K级，工艺合格，质量是800克，无瑕疵的翡翠件，当前的市场价格为10万元。

下面举例说明。

一 摆件——金蟾一族

大金蟾背负二小金蟾，形态可爱。此翡翠件为紫罗兰色，透明度、质地、净度均较好，材质等级相当于绿色翡翠的K级，工艺合格，质量为789克，与价格参照件相比，质量比为789/800≈1，难度系数为1，底部有一些"石花"，要打0.8的折扣。因此，其价格为：$10 \times 1 \times 0.8 = 8$ 万元。

二　摆件——处处如意

　　整体是一柄大如意，在各转折处，到处都是小如意，真是处处如意，万事如意。工艺合格，寓意很好，无瑕疵。其材质等级为K级，质量为1440克，与价格参照件相比，质量比为1440/800=1.8，难度系数为1.5，因此，其价格为：10×1.8×1.5=27万元。

三 摆件——人生长寿

　　图案是一苗人参和很多寿桃，取其谐音是人生长寿。工艺合格，无瑕疵。其材质等级为K级，质量为1645克，与价格参照件相比，质量比为 $1645/800 \approx 2$ ，难度系数为1.6，因此，其价格为： $10 \times 2 \times 1.6 = 32$ 万元。

翡翠件的

评价与创作

Pingjia yu Chuangzuo

此件雕刻了一段中空的竹子，在一束花朵的上部和下部，有一对鸟儿在喃喃对语。在鸟语花香中，节节高升，真是人生之美事！

此件材质等级达到K级，工艺精湛，无瑕疵。其中紫罗兰色调相当浓艳、美丽，尺寸和质量都较大，质量比为：3080/800=3.8，难度系数为2，因此，其价格为：

$10 \times 3.8 \times 2 = 76$万元。

【五】 摆件——白菜

　　一棵白菜，帮是浅绿色的，心是淡紫色的，中间爬着一只墨绿色的甲虫，心部还有两只纺织娘在啾啾鸣叫，生意盎然。材质等级为J级，工艺合格，无瑕疵。质量为2915克，与价格参照件相比，质量比为2915/800≈3.6，难度系数为3×2=6（考虑其材质级别较参照件为高，质量又大了3倍多，而且又是绿、紫双色），因此，其价格为：

　　10×3.6×6=216万元。

翡翠件

的

评价与创作

Pingjia yu Chuangzuo

　　本节对翡翠件的价格分析着重在中、高档件，特别是高档件。因为中、高档件的价格变化区间大、变化快，难以掌握，因而要多说几句；而低档件的价格变化区间小，而且变化慢，有时几年不变，比较好掌握。

　　根据《翡翠分级国家标准》规定，只要是翡翠（俗称的翡翠A货），即使是低档的翡翠件，无色翡翠的三大指标（透明度、质地、净度）在国家标准中都能找到对应值；绿色翡翠的另三项指标（彩度、明度、透明度）在国家标准中也都能找到对应值。熟悉国家标准，多看看、多对比，说不定还能用很低的价格买到较好的东西呢！

　　至于翡翠件的休闲、健身作用（比如活动手指，调节神经系统等），只要是翡翠件，应该是基本相同的，因为它们的基本成分是相同的。

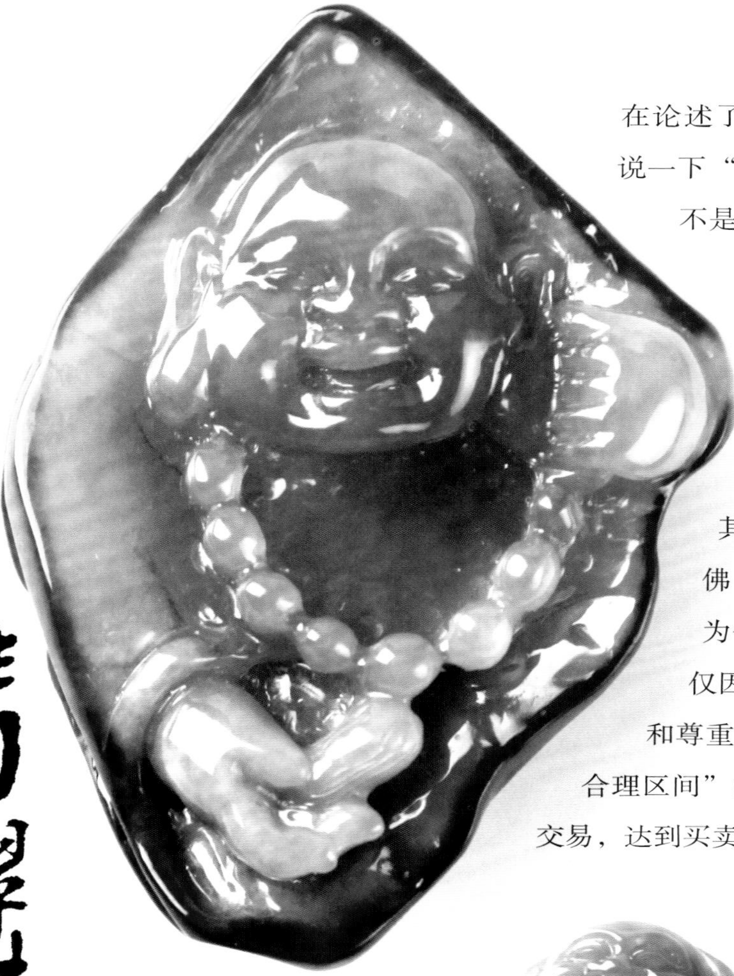

翡翠件的

评价与创作

Pingjia yu Chuangzuo

在论述了各种翡翠件的价格后，我们最后再来评说一下"喜欢就好！"这句话。挑选各种翡翠件，不是只挑贵的，而是要挑自己喜欢的。有的人喜欢淡雅的，如喜欢淡绿、浅紫甚至是无色的；有些人喜欢小巧玲珑的，不喜欢太大、太引人注目的；有些人喜欢与自己生肖有关的，而不喜欢其他动物；有些人喜欢兰花、竹子，而不喜欢其他植物；有些人喜欢佛爷（男戴观音女戴佛），而不喜欢其他人物……这些人不是因为价格的原因而挑选便宜的翡翠件，而是仅仅因为喜欢、偏爱，这是应该得到店家的鼓励和尊重的，店家应该本着"喜欢就好，价格仍在合理区间"的原则，更加热情地予以接待，进行公平交易，达到买卖双方共赢，大家都高兴。

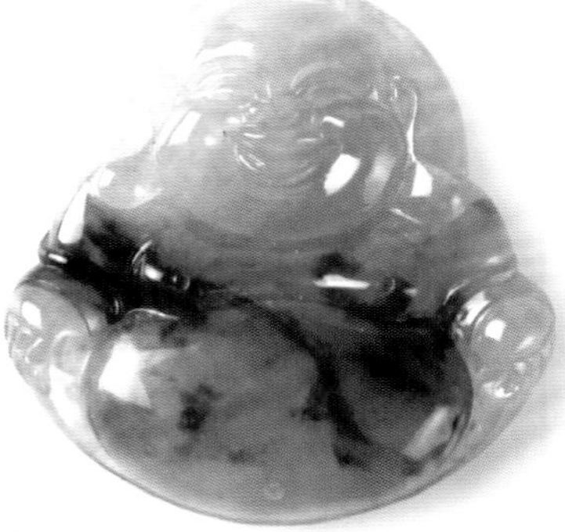

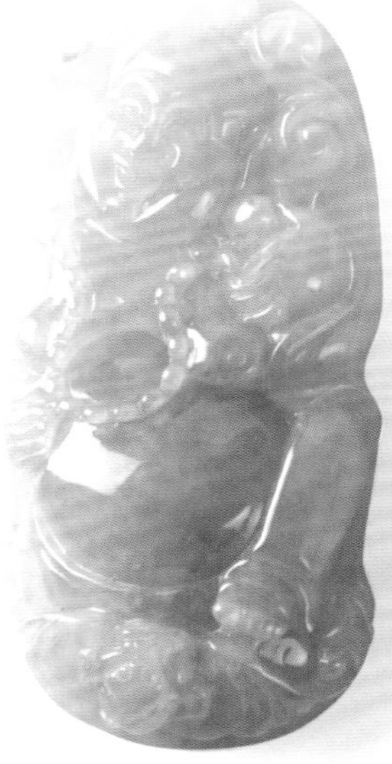

第五节

【对本评价体系的质疑和回答】

翡翠件的
评价与创作
Pingjia yu Chuangzuo

在本书初稿的传阅过程中，一些藏友、行家提出一些疑问和质问，再加上自己在写作过程中也不断地自我设问，因而感到有必要增加本节。

一 本评价体系是怎么产生的

本评价体系是从传统的翡翠评价体系的学习、继承和发展、完善中产生的。

传统的翡翠评价体系有六个方面，或称六大要素：种、地、水、色、重（重量）、工（工艺水平）。这六大要素，每一要素又包括好多项，如：种、地有十多项；水有一分水、二分水、三分水、半透明、不透明等项；色有蓝绿、黄绿、灰绿、祖母绿、艳绿、菠菜绿、湖水绿、浅绿、淡绿等多项；重量更是小到几克、几十克，大到几百克、几千克、几十吨；工艺上，主题很多，评价也很多。因而，这六大要素综合起来，即排列组合起来，其总数可以说是数不胜数，很难归纳。因而，目前只能停留在具体问题具体分析上，凭经验、凭已成交品的市场价格、凭实物对比来逐个按质论价。

有鉴于此，经过反复推敲，我认为，这六大要素，实际上说的是两个方面的问题：一是材质方面的问题，即种、地、色、水；二是翡翠件整体方面的问题，即重、工。

这一区分，问题便迎刃而解了。

对材质的价值分析，只是考虑四大要素：种、地、色、水。按照"翡翠分级"国家标准，无色翡翠归纳为：透明度、质地、净度三个方面，各分五级；绿色翡翠分为：彩度、明度、透明度、质地、净度五个方面，其中明度、透明度分四级，其余分为五级。国家标准对各个方面包括各级都有明确的定性、定量规定，既便于检测，又便于定级，这样一来，排列组合数量大大减少，而且考虑到低档翡翠材质对价格的影响较小，通俗的说就是低档翡翠主要是卖工钱的，因而，将翡翠的质地归纳为七级：高档三级（F级、G级、H级），中档三级（I级、J级、K级），低档归纳为一级（L级）。

对翡翠件整体的价值分析，传统的观点只余下两个方面：重、工。

工艺方面，在国家标准中也有一定要求，但没有硬性指标，总的原则是：工艺优良的翡翠件，在评价中要乘以大于1的系数；工艺有缺点的翡翠件，在评价中应乘以小于1的系数；工艺合格的翡翠件，系数为1。

春日迟迟春草绿，野棠开尽飘香玉。
绣岭宫前鹤发翁，犹唱开元太平曲。

—— 唐 李洞

重量，在国家标准中一律称为质量。质量是影响翡翠件价值的重要因素，在材质相同的情形下，质量越大，价值越高。翡翠件的价值，不仅和质量成正比，而且还要乘上一个难度系数，其比值越大，难度系数也越大。

在翡翠件的整体价值分析中，应考虑材质的不均匀性。翡翠是自然界的产物，在彩度、明度、透明度、质地、净度等方面都有不均匀性。若其对翡翠件的美观影响可以略而不计的，评价中可以不打折；若其对翡翠件的美观影响不容忽视，评价中应予打折。若俏色、双色、三色、四色，给翡翠件增光添彩了，评价中应予加分。

在翡翠件整体的价值分析中，还增加了翡翠件的瑕疵分析一项。对翡翠件的内、外瑕疵要进行综合分析，有明显瑕疵的，价值要打折。

在翡翠件的价值分析中，历史人文价值这一大项是不可或缺的。

对任何艺术品、任何古董来说，其历史人文价值都是极其重要的一项。翡翠传入中国，从明末算起，已有四百多年，即使从清朝乾隆年间算起，也有二百多年，其历史说长不长、说短也不短。其间名师、名匠之作，皇家、名人珍藏之物还是不少的，其历史人文价值应予以肯定。要鼓励更多的艺术工作者、雕刻大师从事翡翠件的创作，使之传承有序，绵延下去，增加其历史人文价值。

乌龙行雨

翡翠件的
评价与创作
Pingjia yu Chuangzuo

翡翠件成千上万，种类繁多，因而在探讨其价格时，在各类翡翠件中选择有代表性的翡翠件作为价格参照件，而后再按材质级别、质量、难度系数，确定其余翡翠件的价格，这一定价方法是科学的。

价格参照件的选择是经过长期的市场调研后得出的，比较准确。

确定难度系数的几条原则，也是不断推敲、反复验证后得出的。

据此而得出的价格，究竟准不准？可以说：比较准确，可以作为买卖双方讨价还价的参考。当然，最终价格还是由买卖双方的协商而实现的。

F、G、H三个高级翡翠件的级差为3，这个数值可能还是偏小了，究竟多大合适，有待实践修正。

随着翡翠市场的供求关系阶段性的变化，价格参照件的质量和价格也将随之发生阶段性的变化，其级差系数、难度系数等也会有一些波动，需要适时调整。

三 按本评价标准得出的首饰件、手把件、摆件价格是不是低了？是不是高了？会不会引起新一轮的炒作？

作者紧盯翡翠市场价格变化近三十年，期间有过多次的大起大落，每次大起大落对翡翠行业都带来严重的创伤，这是每个热爱翡翠、热爱翡翠行业的人所不愿见到的，因而作者绝不会故意贬低翡翠件的价格。

当然，对于高档翡翠件，由于其珍贵、稀少、追逐者众多，其价格怎么评估，往往都有偏低之嫌。

在鱼目混珠，市场低迷的今天，本书的公正评价，在有些人看来可能是高了，担心会引起新一轮的炒作。在此，我可以明确地、负责任地表态：不会！

因为天然翡翠是稀缺资源，原产地仅缅甸北部克钦邦的帕敢——道茂一带，其余如危地马拉、日本、俄罗斯、哈萨克斯坦等地虽然也有发现翡翠的报道，但其商业价值很小。全世界的翡翠年产量是有限的，再就是缅甸翡翠自开采以来，积累的存世量也不是很大的，何况其中的低档翡翠所占的比重是很大的，因而可以用来做翡翠首饰件、手把件、摆件的高中档翡翠，其总量不是很多的。

历次炒作之所以形成，不是因为定价公道大家争相出货、囤货，而是市场鱼目混珠、泥沙俱下、以次充好、以假乱真、巧取豪夺、尔虞我诈、强买强卖而形成的。

只要把住货真价实的原则，就不会引起新一轮的炒作。

货真，现在是有保障的。有国家标准的明确规定和分级，有肉眼鉴别和仪器检测，有国家及地方的珠宝玉石检测机构的中介服务。

真货，实际上是有限的。除掉B货、C货，除掉冒充翡翠的碧玉、岫玉、独山玉、水钙铝榴石、钠长石、绿玉髓、石英岩、绿玻璃，甚至更假的贴片货、夹层货等等，A货翡翠究竟有多少呢？拿出来交易炒得起来吗？

当然，由于前几次炒作，和翡翠制品被假冒伪劣品的多次冲击，对人们的心理造成影响，造成现在翡翠市场低迷。本书出版后，可能会形成一个购买高潮，人们重拾对翡翠件的信心，出于对翡翠件的喜爱，而购买一些翡翠件，出于保值增值的心理，而储存一些翡翠件，这是正常的市场行为，这也是翡翠行业该走向的健康发展的康庄大道，我们应该为之高兴。

参考文献：

《翡翠分级》国家标准，GB/T 23885–2009.

翡翠件的创作

Feicuijian De Chuangzuojianyi

建议

【第四章】
Di Si Zhang

肆

第一节

【翡翠件的创作人员
大有用武之地】

生涯萧洒似吾庐，人在青山远近居。
泉响风摇苍玉佩，月高云插水晶梳。

——宋 黄庭坚

　　翡翠不同于其他宝石（如：钻石、红宝石等），它是矿物的晶质集合体，单个的矿物颗粒很小，但无数个矿物颗粒集合起来就很，重可以是几十克、几百克、几千克，甚至是几吨、几十吨。而且在同一块翡翠上，可以集中红、黄、紫、绿、白等多种颜色，甚至在几十克的一小块翡翠上，可以集中绿、紫两种颜色，或者绿、红、紫三种颜色，或者绿、紫、黄、白四种颜色，或者红、黄、紫、绿、白五种颜色。翡翠原石的上述特点，为翡翠件的创作人员打开了自由创作、恣意驰骋的空间，使英雄大有用武之地。

　　钻石、红宝石等宝石加工创作人员，在创作中也要周密地设计和辛勤地劳动，以使加工出来的成品光学效果更好，出材率更高。但是与翡翠件的创作人员相比，他们的活动空间是有限的，腾挪的余地是很小的。翡翠件的创作人员与之相比，则是幸运多了，他们的创作空间是广阔的，腾挪的余地也是很大的。为此，我们应当珍惜这一机遇，努力学习，刻苦钻研，拿出更好更大更多的作品来。

【设计上应当把握的几个问题】

翡翠件的
Pingjia yu Chuangzuo
评价与创作

创作人员在设计上应把握下列几点，其中有些是老生常谈，有些可能有点新意。

（一）审视原石，追求价值最大化

认真审视原石，构思出又好、又大、又多的作品，使原石的价值最大化。

"返璞归真"——有的原石只要稍微处理一下，配个座子，放在案头，就能给人以一种遐想、一定意境，那就顺其自然，不再加工。

"玉不琢不成器"——绝大部分原石，不琢是不成器的，既产生不了遐想和意境，也产生不了美。那就要根据原石的具体情况，进行设计、加工。

由于翡翠原石是珍贵材料，因此要把"好"放在首位。"好"就是材质中最精彩的部分，千万不要锯开或者切磨变小。要"好"中求大，"好"中求多。"大"就是能做大件的，不要做中件；能做中件的，不要做小件。"多"就是不得已切下的边角小料，尽可能利用起来，多做一些

岱岳奇观

件。只有落实"好"字当头和又好、又大、又多的设计思想，才能使翡翠原石的价值最大化。

在翡翠件的价值一节中，已经讲到只要形状、尺寸符合工艺要求，那么其价值和质量是成正比的，而且随着质量的增加，难度系数也在增加，其价值总分增加得更多。因此能做大件的，不要改做多个中件、小件，这是珍惜原材料、充分利用原材料的加工原则。除非原石上存在躲不开、避不了、遮不住的恶性绺裂，否则千万不要把大料锯小。

当代国宝"岱岳奇观"正是这样创作的。"岱岳奇观"以东岳泰山的主要景观为题材，雕刻琢磨而成的摆件是一块高78厘米、宽83厘米、厚50厘米，重363.8千克的巨大翡翠件。

在作品的正面，由于绿翠多而密，所以设计为泰山的阳面，雕刻以层层叠叠、郁郁葱葱的树林，并以亭台楼阁、人物、鹤、鹿、羊（鹤、鹿、羊均寓意吉祥）、小桥、瀑布、溪流等作为近景，刻画入微，突出展现翡翠质地的精华及玉器制作的精湛技艺。中景的山峰没有过多的琢磨加工，充分表现了翡翠质地的美。作品的背面，呈深沉的油青色，所以艺术家们将其设计为泰山的背面。在左上方，刻着唐代诗人杜甫的《望岳》，以铁线篆字体琢碾于其上，填以金色，风格古朴高雅。特别要提及的是，在正面右上方的边缘有一块红棕色的翡，艺术家们利用这一难得的俏色，设计成一轮红日在山巅徐徐升起，隐现于云彩之中。

規格：高64厘米，宽41厘米，两条玉链各40厘米长。

这件作品用传统套环技法琢出提梁和两条各有32个环的活动链子，使整个花篮的高度远远超过原石的高度，把整个雕件明显做大了，真是"好"字当头、又好又大的典范。

设计者将从篮体中掏出的玉料琢成各种花枝，插嵌篮中。花篮局部的牡丹、菊花、玉兰花、月季、山菊、悬崖菊、萱草花等花卉构图优美，花型豪放；插嵌的茶花、梅花、海棠、牡丹花蕾点缀其中；花卉，枝叶舒展优美，呈现百花争艳，欣欣向荣的景象。其中满插牡丹、菊花、月季、山茶等四季香花，是当今世界最高大的一个翡翠花篮。

翡翠件

的

Pingjia yu Chuangzuo

评价与创作

群芳揽胜

当然，强调做大，并不是说什么原石都不能切割，每块原石都做成个山子。和艺术要求无关的形状和尺寸部分，该切的一定要切掉，适宜做什么就做什么。材料的不均匀部分，明显影响艺术效果的，该切掉的也一定要切掉，不要滥竽充数，混迹其间，影响整个翡翠件的美观。优质料要破除不惜做手把件或摆件的老观念。高翠部分有时谋划设计得好，把它留在那里，设计成二龙戏珠的珠子或其他点睛之笔，价值可能更高。

原石上适宜做镯子、珠子、戒面、吊坠的部分，若无特殊安排，一般还是应该挖出来做镯子、珠子、戒面、吊坠。

该留的留、该挖的挖。留什么？怎么留？挖什么？怎么挖？这就给翡翠雕刻艺术家留下了施展才能的广阔天地，下面结合实例，进行一些点评。

▶ 随形吊坠 >>>>>

把精彩部分挖出来，做成随形吊坠。

▶ 吊坠 >>>>>

把精彩部分挖出来，稍加规整，做成吊坠。

▶ 镶嵌吊坠 >>>>>

把精彩部分挖出来，虽然较小而且形状特殊，但发挥金属镶嵌工艺的长处，以小见大，还是可以做成吊坠的。

◗ 随形的柳叶 〉〉〉〉〉

把玻璃地的无色部分，尽可能大地挖出来，做成随形的柳叶。

◗ 如意吊坠 〉〉〉〉〉

把局部绿色及其周围部分挖出来，做成如意等吊坠。

◗ 手把件 〉〉〉〉〉

这个鱼化龙，质量为52克，要是剖开可以做成两个以上吊坠，但做成鱼化龙，其价值要比多个吊坠大得多。这个鱼化龙既可以作为吊坠，也可以是一个小巧玲珑的手把件。

▶ 三色翡翠牌 >>>>>

这个三色翡翠牌，质量为21克，其绿色部分鲜艳、透明度高、质地细腻，属于高档祖母绿，也是可以挖出来做成吊坠的。但把绿色和咖啡色部分留下来，做成松树的树干与枝叶、白鹤和凤凰边饰的三色翡翠牌，其价值要比单把绿色部分挖出来做成两个吊坠要高得多。

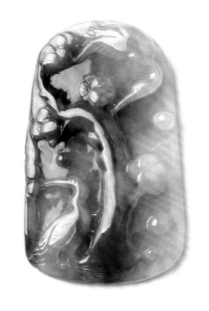

▶ 佛头 >>>>>

这个佛头，质量为33克，要是剖开，可以做成两个戒面。但做成佛头，其价值要比两个戒面高得多。

▶ 大型吊坠 >>>>>

这个大吊坠，质量为27.6克，要是剖开，可以做成2～3个吊坠，但做成这个大吊坠，其价值要比多个小吊坠之和大得多。

质量20克以上材质高档的吊坠，显得大气、沉稳、完美，适合男女成功人士佩戴。材质高档，质量为60克左右的小巧玲珑的手把件，则是人见人爱的宝贝，适合各年龄段、各类人士把玩。

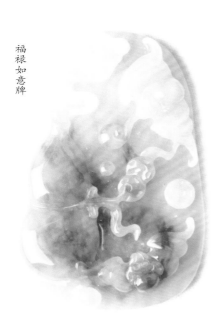

福禄如意牌

蟠龙如意牌

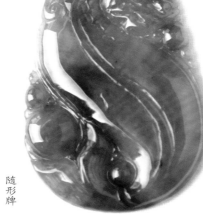

随形牌

翡翠件
的
Pingjia yu Chuangzuo
评价与创作

蟠龙玉米手把件

如意牌

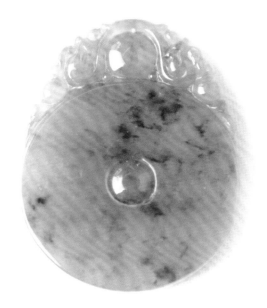

绿色玉坠

如意牌

喜鹊登梅牌

上述例子说明，能做中件的，不要剖切做成多个小件，这样会贬低原石的价值。

对于高档原石，一般不要对剖或三剖、四剖，拼接成一个大插屏。一则是因为这样剖切，对原石破坏太大，价值损失太大；二则是因为翡翠的材质和颜色变化的特点，这样拼接的艺术效果也不好。大幅的国画，可以用两张、三张、四张或更多的宣纸拼接起来，经艺术家的精心创作，其拼接处浑然一体，宛如天成，整幅画还是那么美轮美奂。大幅的油画也是如此，可以多块画布拼接起来创作，经艺术家的努力，整幅画还是浑然一体，美轮美奂。而用一块原石剖切多块翡翠板块拼接而成的大插屏则不然，其拼接处材质和颜色往往格格不入，不会有自然、和谐、流畅的过渡，而是接痕明显，很难消弭，不论艺术家怎么努力，观众一看就是拼接的，为此整体艺术效果大打折扣。

当然，对于中低档原石，可以剖切成一些薄片，以增加其透明度，而后经仔细拼接、艺术处理，提高其艺术效果，也可能提高其整体价值。

但是，翡翠板的拼接工作是一件十分复杂、细致、艰巨的工作，绝不是一剖二、二剖四那样一拼就成，一蹴而就的。一件好的拼接插屏，需要玉雕师长期的积累，反复的对比拼接，既要符合整体创作的构思，又要使拼接处的材质、颜色保持自然、和谐、流畅的过渡，这样才能造就浑然一体、宛如天成的高质量艺术品。当然，这些板材可能来自一块原石，也可能来自玉雕师长期积累的不同的原石。

夜雪填空晓更飘，龙墀风冷佩声高。琼花落处蒙仙杖，玉殿光中认赭袍。

——宋 欧阳修

让拼接处保持自然、和谐、流畅的过渡，这个是观众对艺术品的基本要求，看起来并不高，但是对翡翠雕刻师来说，要满足这个要求，困难是很大的，可能要为此付出几年、几十年，甚至一辈子、几代人的努力。真像表演艺术家"台上一分钟，台下十年功"一样，一件好的翡翠拼接插屏，凝聚着玉雕师几十年的心血。为了创作国宝级的艺术品，这样的付出是值得的！

观音和龙牌

当然，也许有人会说：是不是可以利用拼接处的颜色和质地差异，创作出一幅立体派或后现代派的作品？这种可能性是存在的，但这也要艺术家在整体创意和雕刻工作中付出百倍艰辛的努力，以它特有的艺术魅力，征服广大观众和收藏家。一拼就成、一蹴而就，这样简单易行的事儿是不会有的。

原石的剖切、翡翠件的雕琢，做的都是减法。一旦进行，就不可能逆转、无法复原，只能越改越小。对此，始终要警钟长鸣！

绿色翡翠：透明度——半透明

反射观察：内部无汇聚光、仅可见少量光线透入。

透射观察：少量光线可透过样品，样品内部特征模糊不可辨。

荷塘金鱼手把件

二 重视多色、俏色的利用

翡翠的颜色丰富多彩，即使在一块不大的翡翠件上，也可能存在两色、三色甚至四色、五色，这是翡翠件的一大特点，在创作中要好好利用。

▶ 春带彩吊坠 ＞＞＞＞＞

这两枚春带彩的吊坠，在如此狭小的空间里，存在着紫、绿二色，互相辉映，相得益彰，非常惹人喜爱。若将其剖开，则绿件、紫件也都是一般的，没有什么稀罕，而合在一起则是珍品了。

▶ 多色挂件和手把件 ＞＞＞＞＞

三色、四色、五色的挂件和手把件，只要创作的时候重视这个问题，便会有意想不到的收获。

▶ 三色貔貅 >>>>>

这一件三色貔貅，虽然俏色不是特别俏，但是细看还是很动人的，保留着的黑色也很生动，同时也能说明翡翠件上，黑色和绿色的关系。

▶ 龙凤吊坠 >>>>>

这一枚龙凤吊坠，更是把红翡作为龙凤表演的背景与舞台，显得十分生动、有趣。

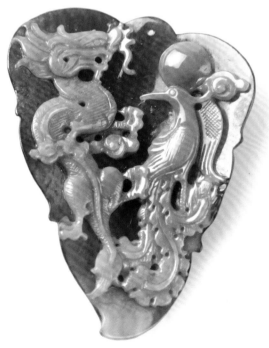

▶ 螭虎护宝吊坠 >>>>>

这一枚螭虎护宝吊坠，有浅紫与绿两种颜色，淡绿色的宝盒，起到了俏色的作用，为吊坠增光添彩。

▶ 竹节吊坠 >>>>>

这一枚竹节吊坠，有紫、红双色，一抹红翡色映照在紫色的表面，使竹节增加了几分苍健，吊坠显得更加华丽。

▶ 观音吊坠 >>>>>

这一枚观音吊坠，则是把黄翡作为观音的背景和舞台，显得十分飘逸，独具神韵。

上述是一些实例，值得我们借鉴。

翡翠吊坠、手把件、摆件等在设计、雕刻时都有一个主题。中国的玉石文化已经绵延了几千年，传统题材是很多的。从吉祥、富贵的祝福——福、禄、寿、喜、财的五福临门，到爱情的心心相印，婚姻的白头偕老，还有神人（如来佛、弥勒佛、观音菩萨、关公等），神兽（貔貅、麒麟、龙及龙子、狮、虎等），包罗万象，难以计数。通常，一位创作人员能够熟练地运用这些题材，也就解决问题了。但是，好的创作人员不会满足，总能根据原石的特点，创作出令人耳目一新的作品来，既提高了翡翠件的艺术价值，又树立起了一个新的主题系列，这是应该大力提倡、热情鼓励的。

▶ 清代的蚕桑雕件 >>>>>

这一雕件材质利用得好，既表现了蚕的可爱，又反映了桑叶的美丽。

雕件把翡翠的基本色——绿色和白色相配之美，反映到淋漓尽致的地步！

蚕桑雕件

▶ 桐荫仕女图 >>>>>

这是清代乾隆时期的一件玉雕，现藏于北京故宫博物院。玉雕高15.5厘米、宽25厘米、厚10.8厘米，是一块和田玉，做碗以后的余材，白玉质，局部有橘黄色玉皮，整体造型为一美丽的江南庭院风景。玉雕以中心的月形门为隔，两面雕刻，分别表现庭院的内外景象。门外湖石矗立，桐荫垂檐，一少女梳高髻，手持灵芝，神态恬静，似乎正准备盈盈步入园林之内。从院门的缝隙向内望去，门内芭蕉丛生，一长衣少女，双手捧盒，似乎要从门内出来迎接一般。其情其景，令人如醉如痴。

翡翠鉴赏 FEICUI JIANSHANG 绿色翡翠：透明度——微透明~不透明

反射观察：内部无汇聚光，难见光线透入。
透射观察：微量无光线可透过样品，样品内部特征不可见。

这一玉雕的最大创意是：利用玉的天然色调——一条白带，设计成了这一景物的核心——月形门的门缝，布置在玉雕的中央，巧妙地安排下了这一系列情节和景物，使人浮想联翩，回味无穷。

器物底部以阴线刻乾隆帝御识文："和阗贡玉，规其中作碗，吴工就余材琢成是图，既无弃物，又完璞玉。御识。"还有御题诗："相材取碗料，就质琢图形。剩水残山境，桐荫蕉轴庭。女郎相顾问，匠氏运心灵。义重无弃物，赢他泣楚廷。乾隆癸巳新秋御题。"

桐荫仕女图玉饰其诗情画意，处处浑然天成，也难怪乾隆帝为之倾倒。真是一件匠心独运，名不虚传的国宝！

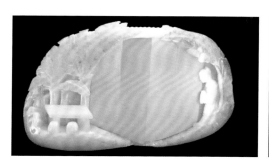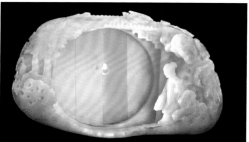

桐荫仕女图玉饰

翡翠的色彩比其他玉石丰富多彩，且光泽晶莹、美丽，为此，我们有理由期盼在平凡的原石中能通过巧妙的构思、设计，精湛的雕刻加工，创造出不平凡的国宝级的翡翠珍品。

艺术家的灵魂在于创新，要敏感地发现美，并善于创造美。这和科学家是相通的，艺术家和科学家在思维的最高层次上是相通的。科学家的一生始终是追求发现和完善，创新的科学理论、科学模型、新的装置、新的设备。在科学的发现、发明上，只有第一，没有第二。牛顿发现了经典力学的三大定律和万有引力定律，我们学懂了、会用了，可以去创造新的装置、新的设备，但绝不是做牛顿第二。即使是第一批学懂、弄通了牛顿定律的和牛顿同时代的人，也绝不是牛顿第二，他们充其量只能称为牛顿定律的解释者、宣传者、科普工作者。从物理学的发展史看，只有爱因斯坦的相对论，扬弃了牛顿的绝对时空观念，成为了牛顿以后又一个新的里程碑式的人物。艺术家也是这样，要学习、继承前辈的优良传统和优秀作品，但不能照搬、套用，随波逐流，人云亦云，迷失在一系列的大家之中，迷失在过去的种种潮流之中，做什么毕加索第二、齐白石第二。而要坚持自我、坚持创新，坚持用自己的立场、观点、方法去观察世界、认识世界、发现世界、改造世界。只有这样，在新世界中才能找到自己应有的位置。不要怕被扣个人中心，个人主义的帽子，实际上越是有个性的东西，越能反映事物的客观真实性和艺术的美。在有鲜明个性的东西内，往往蕴含着丰富的、生动的、时代的共性。

翡翠雕刻家要坚持创新，要在平凡的原石中发现美、创造美。评论家首先要能感受到美，并能画龙点睛地评论，指出其中之美。广大爱好者要能够高水平地接受并欣赏其中之美。这三股力量结合在一起，其中高水平的欣赏队伍是基础，是艺术发展的正能量，是艺术前进的动力；高水平的创作队伍是骨干，是出精品的关键；高水平的评论队伍是桥梁，是创作者和欣赏者之间的桥梁，把创作者的探索和创新独白，点评给欣赏者，把广大欣赏者的感受和建议反馈给创作者，这是艺术领域不可或缺的一个中间环节，是一座双向通行的桥梁。当三者结合在一起，假以时日，就不愁艺术的飞跃，就一定会有好作品问世！

少时不识月，呼作白玉盘。

又疑瑶台镜，飞在青云端。

——唐 李白

第三节

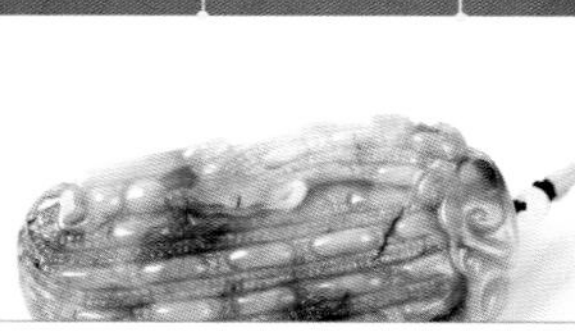

【雕琢中应注意的几个问题】

翡翠件的

Pingjia yu Chuangzuo

评价与创作

（一）表现手法的写实、写意和抽象

▶ **人参手把件** >>>>>

这棵人参，是由一块籽料雕成的，寥寥几笔，把人参的质和形都雕刻了出来。不仅对原石利用得好，而且表现手法也很有新意，值得提倡。

▶ **龙头手把件** >>>>>

这个龙头雕刻得十分精细，可以说是写实之作（龙作为一个虚拟的动物，在中国有着约定俗成的具体形象），但背面的阴阳鱼图，又给人一些抽象的思索。两者配合得很好，值得推荐。

通常雕刻创作中写实、写意、抽象的表现手法，在翡翠件的创作中都可以被采用。若对翡翠原石的材质、色彩琢磨得透，并加以巧妙利用，则不论是采用写实手法，还是写意、抽象手法，有时都会收到意想不到的神奇效果，创作出好作品来。

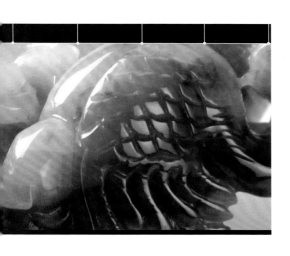

二　理解设计意图，不要画蛇添足

　　雕刻人员要深刻理解设计师的意图，在总体轮廓框架内，该粗的粗，该细的细，决不能随意添加元素，防止画蛇添足，破坏整体形象，降低翡翠件的价值。

　　如图所示，一枚满绿挂件，两条螭龙游弋在一堆绿丘之上，总体设计是很好的，意境也很好。雕刻人员不满足于此，把左边的四个绿丘和右边一个绿丘打上五眼，变成金钱，是典型的画蛇添足。这不仅破坏了整体形象美，而且也让人无法理解这一雕件的主题。

　　如图所示，一个长命锁，材质尚可，正反两面均有较好的绿。一面是一条螭龙、半颗绿珠、一枚金钱、两个云头（或称灵芝头）；另一面为一只蝙蝠，半颗珠子，一枚金钱，一个云头。这个雕件的毛病有以下几点：

▶ 图案不够，金钱来凑 ＞＞＞＞＞

　　这也是某些玉工加工思想上根深蒂固的通病，总是认为多给些钱是不会错的，殊不知，艺术作品直接画钱太庸俗了，是不受欢迎的。何况这五眼钱处理得一点都不美，破坏了材质，费力不讨好。

▶ 呆板刻画,破坏材质 ＞＞＞＞＞

云头上刻画那么多的射线，说是多少代的师傅传下的老规矩，否则不像。岂不知，时代变了，看了云头的轮廓，就能想象到云头和如意了，刻画那么多的射线，是破坏材质，在脸上画刀疤，影响整体价值。若用曲面来替代，其光学效果会更好。

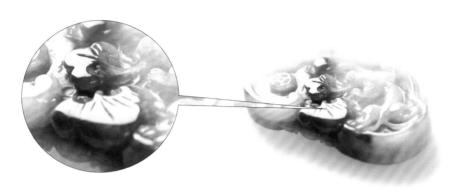

▶ 盲目追求"满工"乱刻乱画 ＞＞＞＞＞

中国画讲究"留白"，有的画坛高手，甚至在画中多处留下大块的空白，创造一种意境，引起人们的遐思联想，正像乐曲中的休止符一样"此时无声胜有声"，把乐章推上一个新的高度。但是有些玉工却没有这种艺术修养，盲目追求"满工"。如图所示，生怕做工少了不值钱，在大片的白璧上，非要画几个钱，且是十分潦草的曲线，好像野广告，使人厌恶！

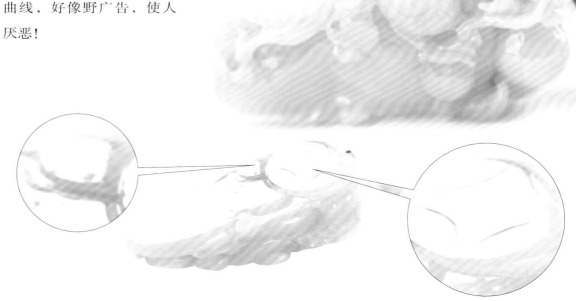

从上述例子中使人想到：作为雕刻人员，不仅十八般工具要使用得得心应手，抛光要有耐心，要抛得好、抛得光亮。而且要不断地进行艺术学习和艺术实践，提高自己的文化和艺术修养。只有这样，才能创造出无愧于原石材质的好作品。

翡翠件的美是翡翠的材质美、设计人员的创意美、雕刻人员的雕琢美的综合体现，对于高档翡翠件来说，最吸引人的还是材质美。好的创作人员，能为翡翠锦上添花，使翡翠件加分；差的创作人员，可能画蛇添足，甚至在美人脸上动刀，会毁了一件珍宝。

有人说，玉雕界出了一件怪事：原石价高过成品价。

其实，怪事不怪，皆因有些成品的艺术水平实在不敢恭维，别说主题、意境经不起推敲，就是写实也搞得一塌糊涂，非驴非马，庸俗不堪。笔者手头有件翡翠手把件，是耗了几千元钱搭售来的。主件我特别喜欢，加之又是朋友，因此我就认了。

主题是弥勒佛，根本没有往日的那种憨态可掬的欢喜情态，周围的配饰也不知是什么，杂乱无章。这样的成品，真不如还原我那块翡翠原石。

当时店主说：自己不喜欢，就送送朋友。

我心想：放在我手里，十分烦恼。送给朋友，把烦恼转嫁给朋友，那就太不够朋友了!因而至今它仍留在自己手里，这次出书，把它公之于众，做个反面教材，也算尽了它的一份力吧。

好的原石，如果没有好的创意、设计，没有好的雕工，暂时先别动为上策!

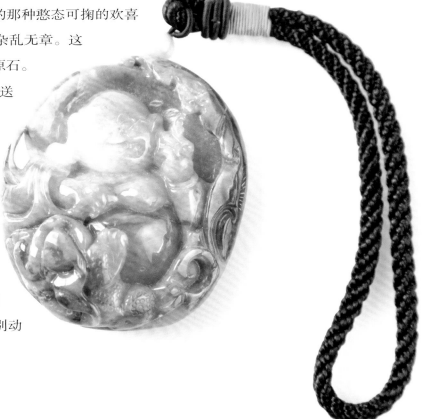

第四节

【值得关注的首饰件的一些新发展】

翡翠是所有天然宝石中加工性能较的一种，可以加工成各种各样的奇异形状，可以实现设计师的种种奇思妙想。

下面介绍一些值得关注的首饰件的新发展，希望以此引起大家的思索和联想，使这种新发展成为一股波涛汹涌的新潮流，推动翡翠行业的发展。

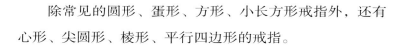

（一）戒指系列

除常见的圆形、蛋形、方形、小长方形戒指外，还有心形、尖圆形、棱形、平行四边形的戒指。

特别值得一提的是马鞍形戒指，这是我国传统的创造，其特点是：不仅宝石托不用金属，就是戒指圈也不用金属，全部用翡翠材料一体加工而成，这在其他宝石戒指中是完全办不到的。我们应该发扬光大，在继承的同时做出创新。首先可以考虑将其推广到结婚对戒上去：男翡女翠，男红女绿；男戒粗犷豪迈，女戒娇柔细腻（在马鞍形的基础上，向心形、椭圆形等方向发展）。其次可以考虑

在不影响强度的部位，镌刻上家族的标记和男、女方的签名、赠言等；在公开出售的马鞍戒上，则可以留下公司的标记和制作者的签名。艳红、艳绿的马鞍戒是很难得的，价格也很昂贵，但放宽到褐红、黄翡、紫罗兰、淡绿、无色翡翠，做成各种形式的马鞍戒，就可以推广开了。

翡翠件

的

Pingjia yu Chuangzuo

评价与创作

以上图片由菜百提供

【二】 手镯系列

　　手镯除常见的截面为圆形、椭圆形、弧形外，又出现了长方形、方形等截面的形状变化。

　　除此之外，在手镯的外表面，又发挥翡翠的材质、颜色特点，浮雕了龙、凤等吉祥如意的图案，形成了龙凤镯等新品种。

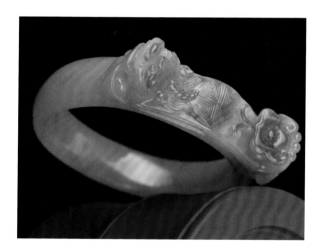

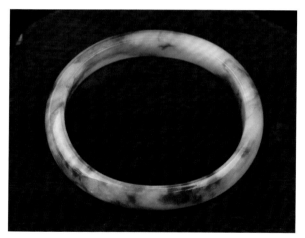

以上图片由菜百提供

水滴在高空形成时是圆的，随着其下降过程，在地球引力的作用下，慢慢被拉长成椭圆形、尖圆形。

尖圆和圆结合在一起，又成为了葫芦形，这一形制的挂件，也很吸引人。

圆、椭圆、尖圆这一系列用来反映翡翠材质的晶莹、剔透、光泽、美丽是很贴切的，因而水滴系列挂件很受群众欢迎。

在此基础上，设计师们又在水滴周边搞一些花样，形成复合水滴挂件，吸引了更多的翡翠爱好者。

四 生肖系列

　　干支纪时（包括纪年、纪月、纪日、纪时辰）是我国的传统特色，十二生肖也有很多通俗易懂的故事为群众所喜爱，运用在翡翠件上，也是花样百出：有浮雕十二生肖的翡翠牌、有圆雕的十二生肖头部，小的可以作挂件，中的可以作手把玩件，大的可以作摆件，品种繁多，不胜枚举。

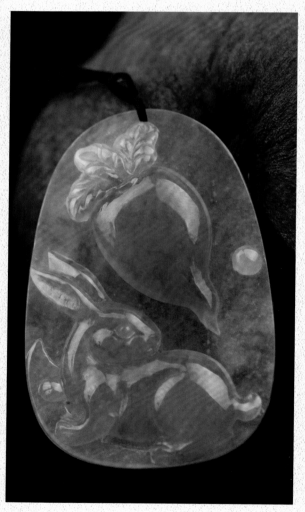

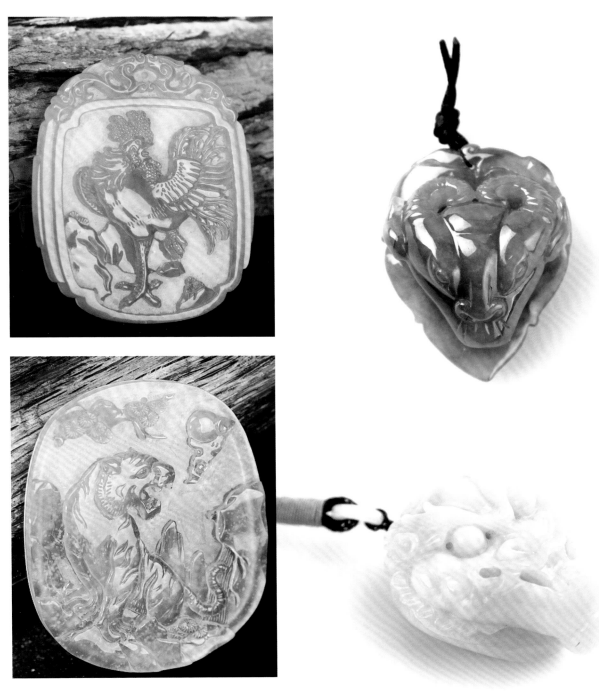

以上图片由菜百提供

【五】 心形和同心结系列

　　心形挂件，挂在胸前是最形象、最贴切不过的装饰品。若跟爱情、伴侣联系在一起，则更显珍贵。这一主题，中外都有很多故事和传说，挖掘出来，内容是十分丰富多彩的。

【六】 绳结系列

　　绳结系列是利用生活中最简单、最平凡的连接物——绳，把各种各色翡翠边角小料连接起来，做成装饰件，由于价廉物美，深受群众欢迎。

　　若反其道而行之，不用金、铂等贵金属，而用最简单、最平凡的连接物——绳（当然包括用各种棉麻丝线和各种人造纤维的线），将各种各色高档的翡翠料连接起来，返璞归真，形成一个新主题，难道不值得一试吗？

　　这种高档绳结系列的翡翠件，装拆、重组方便，不会伤及宝石，可以按主人的兴趣爱好而不断重组，甚至不需要对宝石进行打眼，只利用绳结编织，就可以很好地将翡翠件组合在一起，这个优点也是很吸引人的。

　　翡翠首饰件的形制、主题的新发展是很多的，很难一一列举，难免挂一漏万，所以就此打住。

　　翡翠的金属镶嵌件、手把玩件、摆件的创作天地更加广阔，更难列举，在此谨向翡翠界的设计制作者、雕刻师朋友们送一句祝福：在学习、继承中创新，在探索、创新中发展，在事业发展中成长、壮大。祝各位好运！

第五节

【建立和培养创作队伍】

翡翠件的评价与创作
Pingjia yu Chuangzuo

天容玉色谁敢画，老师古寺昼闭房。

——宋苏轼

　　翡翠行业的健康发展，除了销售要公平交易之外，关键还在于生产：要有一支好的创作和雕工队伍。

　　在此说几句本书题外的话：

　　1.希望有关院校、有关专业开设这方面的课程；要鼓励艺术院校的师生参与翡翠件的创作，包括设计、雕刻等工艺的全过程。

　　2.培训现有设计人员和雕刻人员。

　　3.在翡翠设计雕刻人员中建立职称制度，评定职称。

　　4.建立翡翠件的出生证制度，内容包括：翡翠件的照片、主要参数（长、宽、高、质量等）、设计人员的姓名和签名、雕刻人员的姓名和签名、生产单位、生产日期等；重要的翡翠件，还应标明原石来源并附上原石照片。

　　5.探讨翡翠件出生证和鉴定证书的衔接和联系。

　　6.鼓励在翡翠件上留下创作人员的签名和日期。当然这在小件（戒面、珠子）上是不可能的，但在手把件和摆件上是完全能办到的。这是为顾客负责、为历史负责、为子孙后代负责。